BIM 技 术 与 应 用 系 列

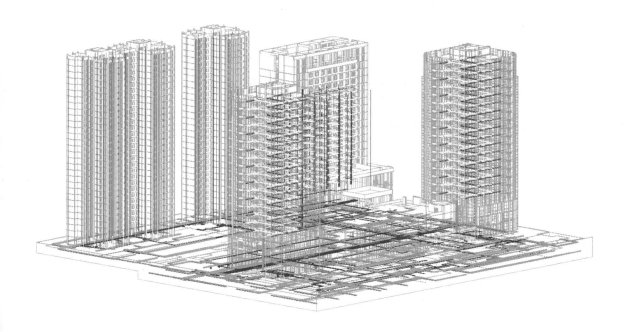

BIM
技术导论

◎ 王茹 主编

BIM Technology

人 民 邮 电 出 版 社

北 京

图书在版编目（CIP）数据

BIM技术导论 / 王茹主编. -- 北京：人民邮电出版
社，2018.6
（BIM技术与应用系列）
ISBN 978-7-115-47604-3

Ⅰ．①B… Ⅱ．①王… Ⅲ．①建筑设计－计算机辅助
设计－应用软件 Ⅳ．①TU201.4

中国版本图书馆CIP数据核字(2018)第000398号

内 容 提 要

本书是土木类专业院校教授、设计院与施工单位从业人员、工程咨询专家多年BIM项目研究实践的结晶。

全书结合 BIM 技术研究、施工项目和教学三方面的实践，介绍了 BIM 系统知识及应用技术，是一本兼顾理论与实务的 BIM 技术专业图书。本书第 1 章～第 3 章全面系统地讲述 BIM 技术的主要内容和相关技术，第 4 章～第 6 章给出作者在工程实践中 BIM 项目落地涉及的软硬件配置、BIM 执行计划的主要内容及典型 BIM 应用工程案例和实施方法，是建设项目不同阶段各相关专业应用 BIM 技术的基础，对读者后续学习和应用 BIM 技术有一定的指导作用。

本书可作为高等院校 BIM 技术课程的教材，也可作为土木工程相关专业的设计和施工人员学习 BIM 技术的参考书。在本书编写过程中，作者还结合目前 BIM 技能考试的相关考评要求，对书稿的体系、结构、内容做了合理编排，因此本书也可作为本科、高职院校相关专业学生和专业技术人员参加 BIM 技能考试的参考书。

◆ 主　编　王　茹
　　责任编辑　邹文波
　　责任印制　沈　蓉　彭志环

◆ 人民邮电出版社出版发行　　北京市丰台区成寿寺路 11 号
　　邮编　100164　电子邮件　315@ptpress.com.cn
　　网址　http://www.ptpress.com.cn
　　三河市潮河印业有限公司印刷

◆ 开本：787×1092　1/16
　　印张：10　　　　　　　　2018 年 6 月第 1 版
　　字数：267 千字　　　　　2018 年 6 月河北第 1 次印刷

定价：39.80 元

读者服务热线：(010)81055256　印装质量热线：(010)81055316
反盗版热线：(010)81055315
广告经营许可证：京东工商广登字 20170147 号

前言 PREFACE

BIM 技术的应用，使建设项目能够在规划、设计、施工、运维全生命期的各阶段协同共享统一的三维模型和信息，极大地提高了生产效率，是国家"十三五"规划建设行业的主要发展方向之一。随着设计、施工企业及大量工程项目对应用 BIM 技术的快速推进，BIM 应用人才的培养变得非常急迫。

本系列教材为建设项目全生命期涉及的主要专业方向提供 BIM 应用的基本方法，系列教材包括《BIM 技术导论》《BIM 建模与工程应用》《BIM 工程管理应用》《BIM 机电应用》4 个分册，是编者多年 BIM 项目研究和工程实践的总结。

本书是系列教材的第一分册。其中，第 1 章~第 3 章全面系统地介绍 BIM 技术的主要内容和相关技术，第 4 章~第 6 章介绍工程实践中 BIM 项目落地涉及的软硬件配置、BIM 执行计划的主要内容及典型 BIM 应用工程案例和实施方法，是建设项目不同阶段各专业应用 BIM 技术的基础，对读者后续学习和应用 BIM 技术有一定的指导作用。

本书编撰者为大专院校、设计与施工单位、工程咨询企业等方面的专家学者，具有多年的教学和 BIM 实践经验，书中各部分内容都是依据教学特点和工程实际的需要精心编排的。

本书可作为高等院校 BIM 技术课程的教材，也可作为土木工程相关专业的设计和施工人员学习 BIM 技术的参考书。在本书编写过程中，编者结合目前 BIM 技能考试的相关考评要求，对书稿的体系结构、内容做了合理设置，因此本书也可作为本科、高职院校相关专业学生和专业技术人员参加 BIM 技能考试的参考书。

全书由王茹主编并统稿。本书具体编写分工如下：西安建筑科技大学王茹编写第 1 章、第 2 章、第 5 章；陕建总安装工程有限公司 BIM 中心王齐兴编写第 4 章；北京住总集团 BIM 中心欧宝平编写第 6 章；陕西信实工程咨询有限公司申屠海滨、西安欧亚学院 BIM 中心麻文娜编写第 3 章。

研究生刘俊、廖文涛、袁正惠等同学进行了部分文字校对工作，韩婷婷、周磊同学对书中美国 IU BIM 应用指南的翻译起到了关键作用，在此一并感谢。

在编写过程中，虽然作者反复推敲以完善本书，但书中难免存在不足之处，恳请广大读者批评指正。

王茹

2018 年 1 月

目 录 CONTENTS

第1章　BIM与建筑业的发展

　　建筑信息模型（Building Information Modling，BIM）技术发展迅速，对我国建设工程领域产生了重大影响。目前，我国工程建设领域应用 BIM 技术也取得了阶段性成果。业内希望有更多的工程项目能够实现设计、施工、项目管理以及运营维护统一建模、信息资源共享，各专业协同运作，实现真正意义上的建设项目全生命期信息化管理，充分释放 BIM 技术的价值。

　　本章在阐述 BIM 技术在建筑业的应用价值和发展现状的基础上，进一步介绍了与 BIM 技术相关的技术及新型建筑业模式，帮助读者更加清晰地了解 BIM 与建筑业的发展。

1.1　BIM 技术

1.1.1　BIM 的来源与定义

20 世纪 70 年代，"BIM 之父"——乔治亚理工大学的 Chuck Eastman 教授创建了 BIM 理念，Eastman 教授在其研究的课题 Building Description System 中提出 a computer based description of a building，以便于实现建筑工程的可视化和量化分析，提高工程建设效率。

之后 Jerry Laiserin 及 McGraw-Hill 建筑信息公司等都对其概念进行了定义，目前相对较完整的是美国国家 BIM 标准（National Building Information Modeling Standard，NBIMS）的定义："BIM 是设施物理和功能特性的数字表达；BIM 是共享的知识资源，是分享有关这个设施的信息，是为该设施从概念到拆除的全生命期中的所有决策提供可靠依据的过程；在项目不同阶段，不同利益相关方通过在 BIM 中插入、提取、更新和修改信息来支持和反映各自职责的协同工作"。定义由以下 3 部分组成。

（1）BIM 是设施（建设项目）物理和功能特性的数字表达。

（2）BIM 是共享的知识资源，是分享有关这个设施的信息，是为该设施从建设到拆除的全生命期中的所有决策提供可靠依据的过程。

（3）在项目的不同阶段，不同利益相关方通过在 BIM 中插入、提取、更新和修改信息来支持和反映其各自职责的协同作业。

BIM 作为一种全新的理念和技术，正受到国内外学者和业界的普遍关注。BIM 是以三维数字技术为基础，集成了建筑工程项目各种相关信息的工程数据模型，BIM 是对工程项目设施实体与功能特性的数字化表达。一个完善的信息模型，能够连接建筑项目生命期不同阶段的数据、过程和资源，是对工程对象的完整描述，可被建设项目各参与方普遍使用。BIM 全生命期模型如图 1-1 所示。BIM 具有单一工程数据源，可解决分布式、异构工程数据之间的一致性和全局共享问题，支持创建、管理和共享建设项目生命期中的动态工程信息。建筑信息模型同时是一种应用于设计、建造、管理的数字化方法，这种方法支持建筑工程的集成管理环境，可以显著提高建筑工程在其整个进程中的效率，大量减少风险。

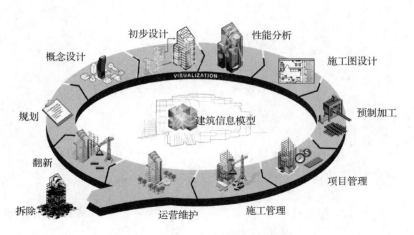

图 1-1　BIM 全生命期模型示意

3D 模型不是 BIM。3D 模型只包含三维几何数据而没有（或有很少）对象属性数据的模型，只能用于图形可视化，并不包含智能化的构件，几乎不支持数据集成和设计性能分析。例如，Sketchup 在建筑概念设计阶段应用较多，其 3D 模型因没有对象的属性信息，除了可视化应用外，做不了任何数据分析工作。

不具有参数化功能的 3D 模型也不是 BIM。例如，由多个二维 CAD 文件叠加而成的三维建筑模型，尽管包含对象数据，但不能调整位置和比例。

中国 BIM 发展联盟黄强理事长用简洁的语言总结 BIM 的概念"聚合信息，为我所用"，他指出，中国 BIM 应用的当前任务就是根据中国工程建设程序要求和工程技术人员的工作需求，建立信息技术与工程技术的有效连接，通过 BIM 软件使建筑工程项目全生命期的所有信息方便工程技术人员应用，并完成任务。

1.1.2　BIM 的基本特征

BIM 是基于最先进的三维数字设计和工程软件构建的"可视化"数字模型，为设计师、建筑师、水电暖铺设工程师、开发商乃至物业维护等各环节人员提供"模拟和分析"的科学协作平台，帮助他们利用三维数字模型对项目进行设计、建造及运营管理。其最终目的是使整个工程项目在设计、施工和使用等各个阶段都能够有效地实现建立资源计划、控制资金风险、节省能源、节约成本、降低污染和提高效率，从真正意义上实现工程项目的全生命期管理。BIM 是一种以软件平台为基本支撑的新的管理技术流程，具有以下特点。

1. 可视化

可视化即"所见即所得"的形式，对于建筑行业来说，可视化的作用是非常大的。例如，施工图纸只是用线条绘制各个构件的信息，其真正的构造形式只能靠建筑业参与人员自行想象。对于简单的建筑来说，这种想象也未尝不可，但是近几年建筑形式各异，不断涌现出复杂造型，光靠人脑去想象就未免太不现实。所以 BIM 提供了可视化的思路，将以往线条式的构件形成三维的立体实物图形展示在人们的面前。虽然建筑业也有效果图，但是这种效果图是分包给专业的效果图制作团队进行设计制作出的线条式信息，并不是通过构件的信息自动生成的，缺少了与构件之间的互动性和反馈性，而 BIM 的可视化是能够与构件之间形成互动性和反馈性的可视。在 BIM 中，由于整个过程都是可视化的，所以可视化的结果不仅可以用来展示效果图及生成报表，更重要的是，项目设计，建造，运营过程中的沟通、讨论、决策都在可视化的状态下进行。

2. 协调性

协调性是建筑业的重点内容，不管是施工单位还是业主和设计单位，都在做着协调及相配合的工作。一旦项目的实施过程中遇到了问题，就要将各有关人员组织起来开会协调，找施工问题发生的原因及解决办法，然后做出变更，采取相应的补救措施解决问题。那么只能在出现问题后再协调吗？在设计时，往往由于各专业设计师之间的沟通不到位，而出现各种专业之间的碰撞问题。例如，暖通等专业中的管道在布置时，由于施工图纸是绘制在各自的图纸上的，在真正的施工过程中，可能在布置管线时正好有结构设计的梁等构件在此妨碍着管线的布置，这种就是施工中常遇到的碰撞问题，像这样的碰撞问题只能在问题出现之后再协调解决吗？BIM 的协调性服务就可以帮助处理这种问题，如图 1-2 所示。BIM 可以在建筑物建造前期协调各专业的碰撞问题，生成协调数据。当然

BIM 的协调作用也并不是只能解决各专业间的碰撞问题，它还可以用于解决电梯井布置与其他设计布置及净空要求之间的协调、防火分区与其他设计布置之间的协调、地下排水布置与其他设计布置之间的协调等问题。

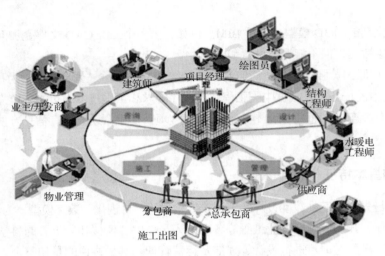

图 1-2　基于 BIM 模型的各方协同

3. 模拟性

模拟性并不是只能模拟设计出的建筑物模型，还可以模拟不能够在真实世界中操作的事物。在设计阶段，BIM 可以对设计中需要模拟的对象进行模拟实验，如节能模拟、紧急疏散模拟、日照模拟、热能传导模拟等。在招投标和施工阶段可以进行 4D 模拟（三维模型加项目的发展时间），也就是根据施工的组织设计模拟实际施工，从而确定合理的施工方案来指导施工。还可以进行 5D 模拟（基于 3D 模型的造价控制），从而实现成本控制。在后期运营阶段可以模拟日常紧急情况的处理方式，如地震人员逃生模拟及消防人员疏散模拟等。

4. 优化性

实际上，整个设计、施工、运营的过程就是不断优化的过程，当然优化和 BIM 也不存在实质性的必然联系，但在 BIM 的基础上可以更好地优化。优化受信息、复杂程度和时间的制约。没有准确的信息就得不到合理的优化结果，BIM 模型提供了建筑物实际存在的信息，包括几何信息、物理信息、规则信息，以及建筑物变化以后的实际存在。当复杂度达到一定程度后，参与人员本身无法掌握所有的信息，必须借助一定的科学技术和设备的帮助。现代建筑物的复杂程度大多超过参与人员本身的能力极限，BIM 及与其配套的各种优化工具使优化复杂项目成为可能。

5. 可出图性

BIM 并不是为了输出常见的建筑设计院所出的建筑设计图纸，及构件加工的图纸，而是通过对建筑物进行可视化展示、协调、模拟、优化以后，输出如下图纸。

（1）综合管线图（经过碰撞检查和设计修改，消除相应错误以后）。

（2）综合结构留洞图（预埋套管图）。

（3）碰撞检查侦错报告和建议改进方案。

BIM 作为信息化发展的成果，除了具有可视化、协调性、模拟性、优化性、可出图性等优点外，它最核心的竞争力在于强大的信息整合能力。传统的信息交换方式是分散的信息传递模式，各参与方必须与其他所有参与方交换信息才能获取自己所需的信息以及将信息传递出去。而在 BIM 中，各参与方只需将信息数据提交至 BIM 信息数据库，就可以在 BIM 数据库中获取自己需要的其他参与方的信息，这种信息交换模式简化了信息的传递路径，提高了信息传递效率。

很多国家已经有比较成熟的 BIM 标准或者制度。BIM 要在我国建筑市场顺利发展只有与国内的建筑市场特色相结合，才能够满足国内建筑市场的特色需求，同时 BIM 将会给国内建筑业带来巨大变革。

1.1.3　BIM 的信息载体及实现手段

BIM 模型承载了建设项目各阶段的信息数据，能够实现建设项目全生命期的信息交换和项目全过程的精细化管理。

1. 多维参数模型

BIM 的信息载体是多维参数模型（ND Parametric Models）。

用如下简单的等式来体现 BIM 参数模型的维度。

2D=Length&Width

3D=2D+Height

4D=3D+Time

5D=4D+Cost

6D=5D+…

nD=BIM

传统的 2D 模型是用点、线、多边形、圆等平面元素模拟几何构件，只有长和宽的二维尺度，故等于 Length&Width，目前国内各类设计图和施工图的主流形式仍旧是 2D 模型；传统的 3D 模型是在 2D 模型的基础上加了一个维度 Height，有利于建设项目的可视化，但并不具备信息整合与协调的功能。

随着 BIM 软件的发展，各种几何实体可以被整合在一起代表所需的设计构件，并将其属性信息与几何信息关联起来，编辑和修改整体的几何模型，与其相关的属性信息随之修改，从而实现各阶段 BIM 模型的协同。

2. BIM 参数模型的优势

BIM 参数模型的优势是突破了传统 2D 及 3D 模型难以修改和同步的瓶颈，以实时、动态的多维（nD）模型大大方便了工程人员。

（1）BIM 的 3D 模型为交流和修改提供了便利。以建筑师为例，其可以运用 3D 平台直接设计，无需将 3D 模型翻译成 2D 平面图以与业主进行沟通交流，业主也无需费时费力地理解繁琐的 2D 图纸。

（2）BIM 参数模型的参数信息内容不局限于建筑构件的物理属性，还包含了从建筑概念设计到运营维护的整个项目生命周期内的该建筑构件的所有实时、动态信息。

（3）BIM 参数模型将各个系统紧密地联系到一起，整体模型真正起到了协调综合的作用，且其同步化的功能更是锦上添花。BIM 整体参数模型综合了建筑、结构、机械、暖通、电气等各 BIM 系统模型，其中各系统间的矛盾冲突可以在实际施工开始前的设计阶段解决，并与上述 4D、5D 模型涉及的进度及造价控制信息相关联，整体协调管理项目实施。

（4）对于 BIM 模型的设计变更，BIM 的参数规则（Parametric Rules）会在全局自动更新信息。故对于设计变更的反应，BIM 系统相比基于图纸费时且易出错的繁琐处理，表现得更加智能化与灵敏化。

（5）BIM 参数模型的多维特性将项目的经济性、舒适性及可持续性发展提高到新的层次。例如，运用 4D 技术可以研究项目的可施工性、项目进度安排、项目进度优化、精益化施工等方面，给项目带来经济性与时效性；5D 造价控制手段则可实现预算在整个项目生命期内的实时性与可操控性；6D 及 nD 应用将更大化地满足业主的需求，如舒适度模拟及分析、耗能模拟、绿色建筑模拟及可持续化分析等方面。

3. BIM 的实现手段

BIM 的实现手段是软件，与 CAD 技术只需一个或几个软件不同的是，BIM 需要一系列软件来支撑，如图 1-3 所示。除了 BIM 核心建模软件之外，BIM 的实现需要大量其他软件的协调与帮助。

工程是个很复杂的系统，不仅仅是信息量巨大，还很难用一个软件解决设计、施工、运维三大阶段的工程技术、成本管理、质量、安全等问题，更不用说依托一家企业或者一两个项目就能建立一个企业级，甚至超企业级的数据仓库型数字建筑模型。因此，在工程项目各阶段针对企业或项目特性，选择 BIM 软件就尤为重要，这部分内容将在 4.1 节详细讲解。

图 1-3　实现 BIM 需要的一系列软件类型

1.2　BIM 的应用价值

BIM 技术充分整合并利用建筑工程项目全生命期涉及的信息，不仅能够缩短建筑工程所需时间、节约资源成本，还可以帮助所有工程参与者提高决策效率和设计质量。应用 BIM 技术，协同工作的范围由设计阶段扩展至整个建筑生命周期，它要求建筑规划、设计、施工、运营等各个方面共同参与完成，具有很高的应用价值。

1.2.1　BIM 在建设项目各阶段的应用

基于项目全生命期的 BIM 技术应用是以 BIM 服务器为基础，以建模为输入，以协同为方向，实现项目各阶段、不同专业、不同软件产品之间的数据交换、集成与共享，为实现建设项目目标提供有力支撑。

1.　BIM 在项目规划阶段的应用

帮助业主把握好产品和市场之间的关系是项目规划阶段至关重要的一点，BIM 能够为项目各方在项目策划阶段做出使市场收益最大化的工作。在项目规划阶段，BIM 技术对于建设项目在技术和经济上的可行性论证提供了帮助，提高了论证结果的准确性和可靠性。在项目规划阶段，业主需要确定建设项目方案是否既具有技术与经济可行性，又能满足类型、质量、功能等方面的要求。但是，只有花费大量的时间、金钱与精力，才能得到可靠性高的论证结果。BIM 技术可以为广大业主提供概要模型，对建设项目方案进行分析、模拟，从而降低整个项目的建设成本，缩短工期并提高项目建设的质量。

2.　BIM 在项目设计阶段的应用

BIM 在设计阶段的主要应用包括施工模拟、设计分析与协同设计、可视化交流、碰撞检查及设计阶段的造价控制等。传统 CAD 时代的在建设项目设计阶段存在的诸如 2D 图纸冗繁、错误率高、变更频繁、协作沟通困难等缺点都将被 BIM 化解，从而能够实现学科专业的协同工作，BIM 带来的优势是巨大的。

（1）保证概念设计阶段的决策正确

在概念设计阶段，设计人员需对拟建项目的选址、方位、外形、结构形式、耗能与可持续发展问题、施工与运营概算等问题做出决策，BIM 技术可以模拟和分析各种不同的方案，并且为集合更多的参与方投入该阶段提供了平台，使做出的分析决策在早期得到反馈，保证了决策的正确性与可操作性。

（2）更加快捷与准确地绘制 3D 模型

不同于 CAD 技术，3D 模型需要由多个 2D 平面图共同创建，BIM 软件可以直接在 3D 平台上绘制 3D 模型，并且所需的任何平面视图都可以由该 3D 模型生成，准确性更高且直观快捷，为业主、施工方、预制方、设备供应方等项目参与人的沟通协调提供了平台。

（3）多个系统的设计协作进行、提高设计质量

在传统建设项目设计模式中，各专业包括建筑、结构、暖通、机械、电气、通信、消防等设计之间的矛盾冲突极易出现且难以解决。而 BIM 整体参数模型可以对建设项目的各系统进行空间协调、消除碰撞冲突，大大缩短了设计时间且减少了设计错误与漏洞。结合运用与 BIM 建模工具相关的分析软件，可以分析拟建项目的结构合理性、空气流通性、光照和温度控制、隔音隔热、供水、废水处理等多个方面，并能够基于分析结果不断完善 BIM 模型。

（4）可以灵活应对设计变更

BIM 整体参数模型自动更新的法则可以让项目参与方灵活应对设计变更，减少如施工人员与设计人员所持图纸不一致的情况。对于施工平面图的每一个细节变动，Revit 软件将自动更新修改立面图、截面图、3D 界面、图纸信息列表、工期、预算等所有相关联的地方。

（5）提高可施工性

设计图纸的实际可施工性（Constructability）是国内建设项目经常遇到的问题。由于专业化程度

的提高及国内绝大多数建设工程采用的设计与施工分别承发包模式的局限性，设计与施工人员之间的交流甚少，加上很多设计人员缺乏施工经验，极易导致施工人员难以甚至无法按照设计图纸进行施工。BIM 可以通过提供 3D 平台加强设计与施工的交流，让有经验的施工管理人员参与到设计阶段早期并植入可施工性理念，还可以推广新的工程项目管理模式，如一体化项目管理（Integrated Project Delivery，IDD）模式，以解决可施工性的问题。

（6）为精确化预算提供便利

在设计的任何阶段，BIM 技术都可以按照定额计价模式根据当前 BIM 模型的工程量给出工程的总概算。随着初步设计的深化，项目各个方面如建设规模、结构性质、设备类型等均会发生变动与修改，BIM 模型平台导出的工程概算可以在签订招投标合同之前给项目各参与方提供决策参考，也为最终的设计概算提供基础。

（7）利于低能耗与可持续发展设计

在设计初期，利用与 BIM 模型具有互用性的能耗分析软件可以为设计注入低能耗与可持续发展的理念，这是传统的 2D 工具不能实现的。传统的 2D 技术只能在设计完成之后利用独立的能耗分析工具介入，这就大大减小了修改设计，以满足低能耗需求的可能性。除此之外，各类与 BIM 模型具有互用性的其他软件都在提高建设项目整体质量上发挥了重要作用。

在项目的设计阶段，让建筑设计从二维真正走向三维的正是 BIM 技术，对建筑设计方法来说，这是一次重大变革。使用 BIM 技术，建筑师们不再困惑于如何用传统的二维图纸表达复杂的三维形态这一难题，深刻地拓展了复杂三维形态的可实施性。而 BIM 的重要特性之一——可视化，使设计师不仅能对自己的设计思想做到"所见即所得"，而且能够让业主捅破技术壁垒的"窗户纸"，随时了解自己的投资可以收获什么样的成果。

3. BIM 在项目施工阶段的应用

正是由于 BIM 模型能反映完整的项目设计情况，所以 BIM 模型中的构件模型可以与施工现场中的真实构件一一对应。BIM 在施工阶段的主要应用包括虚拟施工及施工进度控制、施工过程中的成本控制、三维模型校验及预制构件施工等。针对传统 CAD 时代存在的在建设项目施工阶段的 2D 图纸可施工性低、施工质量不能保证、工期进度拖延、工作效率低等劣势，BIM 技术都体现出了巨大的价值优势。

（1）施工前改正设计错误与漏洞

在传统 CAD 时代，各系统间的冲突碰撞极难在 2D 图纸上识别，往往直到施工进行到了一定阶段才被发觉，最后只能返工或重新设计；而 BIM 模型将各系统的设计整合在了一起，系统间的冲突一目了然，在施工前改正解决，加快了施工进度，减少了浪费，甚至从很大程度上减少了各专业人员间出现纠纷和不和谐的情况。

（2）4D 施工模拟、优化施工方案

BIM 技术将与 BIM 模型具有互用性的 4D 软件、项目施工进度计划与 BIM 模型连接起来，以动态的三维模式模拟整个施工过程与施工现场，及时发现潜在问题和优化施工方案（包括场地、人员、设备、空间冲突、安全问题等）。4D 施工模拟还包含了临时性建筑，如起重机、脚手架、大型设备等的进出场时间，为节约成本、优化整体进度安排提供了帮助。

（3）BIM 模型成为预制加工工业化的基石

细节化的构件模型（Shop Model）可以由 BIM 设计模型生成，可用来指导预制生产与施工。由于构件是以 3D 的形式被创建的，这就便于数控机械化自动生产。当前，这种自动化生产模式已经成功运用在钢结构加工与制造、金属板制造等方面，从而生产预制构件、玻璃制品等。这种模式方便供应商根据设计模型对所需构件进行细节化的设计与制造，准确性高且缩减了造价与工期，同时消除了利用 2D 图纸施工由于周围构件与环境的不确定导致构件无法安装，甚至重新制造的尴尬。

（4）使精益化施工成为可能

由于 BIM 参数模型提供的信息中包含了每一项工作所需的资源，包括人员、材料、设备等，所以其为总承包商与各分包商之间的协作提供了基石，最大化地保证资源准时制管理（Just-in-Time），削减不必要的库存管理工作，减少无用的等待时间，提高生产效率。

在项目的施工阶段，施工单位通过集成 BIM 建模和进度计划的数据，实现了 BIM 在时间维度基础上的 4D 应用。BIM 技术 4D 应用的实施，使施工单位既能按天、周、月看到项目的施工进度，又可以根据现场实时状况进行实时调整，在分析对比不同施工方案的优劣后得到最优的施工方案；也可以对项目的重难点部分按时、分，甚至精确到秒进行可建性模拟，如优化土建工程的施工顺序、材料的运输堆放安排、建筑机械的行进路线和操作空间、设备管线的安装顺序等施工安装方案。

4. BIM 在项目运营阶段的应用

BIM 在建筑工程项目的运营阶段也起到非常重要的作用。建设项目中系统的所有信息对于业主实时掌握建筑物的使用情况，及时有效地维修、管理建筑物起着至关重要的作用。那么是否有能够将建设项目中的所有系统信息提供给业主的平台呢？BIM 的参数模型给出了明确的答案。在 BIM 参数模型中，项目施工阶段做出的修改将全部实时更新并形成最终的 BIM 竣工模型（As-Built Model），该竣工模型将作为各种设备管理的数据库为系统的维护提供依据。

建筑物的结构设施（如墙、楼板、屋顶等）和设备设施（如设备、管道等）在建筑物使用寿命期间，都需要不断维护。BIM 模型可以充分发挥数据记录和空间定位的优势，通过结合运营维护管理系统，制定合理的维护计划，依次分配专人做专项维护工作，从而使建筑物在使用过程中出现突发状况的概率大为降低。

伴随建筑工程复杂程度的增加，各学科专业的交叉合作已经成为必然趋势，BIM 技术能够让建筑、结构、电气、给排水等各学科专业实现相同模型上的协同工作，以便更新传递建筑设计信息。还可实现不同地区的不同设计人员在网络基础上进行协同工作。BIM 是信息化技术在建筑业的直接应用，服务于建设项目的设计、建造、运营维护等整个生命周期。BIM 为项目各参与方提供交流顺畅、协同工作的平台，其对于避免失误、提高工程质量、节约成本、缩短工期等都有极大的贡献，其巨大的优势作用让行业对其越来越重视。应用 BIM 技术在各个专业设计过程中进行碰撞检查，不但能彻底消除硬、软碰撞，完善工程设计，而且大大降低在施工阶段的损失和返工的可能性。并且可以做到既优化空间，又便于使用和维修。

1.2.2　BIM 的应用价值

在 BIM 技术的帮助下，不仅可以实现项目设计阶段的协同，施工阶段的建造全程一体化和运营阶段对建筑物的智能化维护和设施管理，还从根本上打破了业主、施工单位与运营方之间的隔阂和界限，真正实现了 BIM 在建造全生命期的应用价值。

1. BIM 应用的近期价值

（1）提升个人工作质量和效率。提高个人工作效率和工作质量，主要体现在使用 3D 模拟、4D

模拟工艺和方案比选优化，消除现场工艺冲突，自动计算工程量。

（2）提升部门工作质量和效率。提高部门和团队的效率和工作质量，主要体现在深化设计（特别是钢结构、机电安装等）、施工场地布置和平面管理、施工工作面资源管理（劳动力、材料、设备）、支持预制加工生产等。

（3）部门/项目级简单协同工作。利用 BIM 的可视化特点实施优化管理，开展基于 BIM 模型的可视化会议决策、技术讨论、方案比选等，实现简单的协同工作。

2. BIM 应用的长期价值

目前，BIM 应用的长期价值还远没有被挖掘出来。随着更多基于 BIM 应用软件的开发，将有更多的组织和机构应用 BIM 技术，BIM 未来将会使整个行业的工作方式、价值链的重新分配等出现重大变革。具体表现在以下几个方面。

（1）施工过程的规范和可控。随着 BIM 技术的广泛应用，设计和施工过程的大量工作和工艺过程被量化、数字化、参数化和信息化，使精确建造成为可能。同时，设计检查、施工进度监控、施工工艺组织、方案优化、资源分配、成本核算等以前无法精确管理的施工生产活动将变得更规范，更容易实现项目预定的工期、质量和成本目标。

（2）项目管理的重大变革。随着 BIM 技术的深入应用，建筑施工行业将进入信息化时代，BIM 的应用将使工程项目和企业方便、准确获得来自施工生产一线的进度、资源、成本、质量等信息，并加以整合，结合管理流程再造，精确高效开展决策，同时利用信息平台实现各项管理活动和参与主体的协同工作。

（3）行业利益重分配。BIM 技术在建筑全生命期的应用将大大降低各阶段的建设费用，同时也使建设费用更加规范和透明。施工行业目前存在的灰色收益将慢慢收窄，取而代之的是更加规范合理的市场竞争和成本收益分配格局，建筑单位将在更加有序和公平的市场环境中开展施工生产活动。

1.3 BIM 的发展现状

BIM 最早是从美国发展起来的，随着 BIM 技术的不断成熟和发展，在欧洲各国、日本、韩国、新加坡等国家，BIM 技术的发展和应用都达到了比较成熟的水平，目前我国政府在大力推进建筑业信息化和工业化，BIM 技术成为推动创新转型的突破口，得到了快速发展和应用。

1.3.1 国外 BIM 的发展现状

在北美洲，美国和加拿大是目前 BIM 技术发展最迅速，应用也最为广泛的国家；在欧洲，英国、芬兰、挪威等国家的 BIM 技术实用性更胜一筹；日本、韩国、新加坡则是目前亚洲范围内 BIM 技术发展较快的国家，其研究应用也达到了一定水平。BIM 技术国外研究应用现状如表 1-1 所示。

表 1-1 BIM 技术国外研究应用现状

地区	国家	研究内容及成果
北美	美国	1973 年，提约瑟夫·哈林顿博士提出计算机集成制造（CIM）理念 1994 年，以 Autodesk 为首的 12 家美国公司创立 IAI 协会，日后推出著名的 IFC 标准 1995 年，Chuck Eastman 教授提出借助三维数字技术，集成各种工程项目信息，对工程基础数据模型详尽的数字化表达，简称为 BDS 1996 年，斯坦福大学 Martin Fischer 及研究中心开发 CIFE4D-CAD 系统

续表

地区	国家	研究内容及成果
北美	美国	2001 年，提出基于 Internet 的项目管理概念
		2002 年，Autodesk 收购了 Revit，提出 BIM 概念及解决方案
		2003 年，美国联邦总务署 GSA 发布 3D-4D-BIM 计划，对 BIM 技术试点应用，要求至 2007 年其采购的建筑项目全部 BIM 化
		2006 年，美国陆军工程师兵团（United States Army Corps of Engineers，USACE）发布 BIM 发展规划，重点对象是军工企业
		2009 年，Wisconsin 要求州内新建大型公共建筑项目使用 BIM
		2007 年，进一步推进 3D-4D-BIM 计划，发布 BIM 实施指南及全美 BIM 标准（NBIMS）
		2008 年，Chuck Eastman 等人出版《BIM handbook》，该书一问世就成为行业经典著作
		2010 年，俄亥俄州政府颁布 BIM 协议
		2012 年，颁布 BIM 标准 NBIMS 第二版
		2015 年，颁布 BIM 标准 NBIMS 第三版
	加拿大	2010 年，发布 BIM 工具调查报告及标准环境审视报告
欧洲	英国	2004 年，开发了 ND 模型
		2009 年 11 月，英国建筑业 BIM 标准委员会（AEC）发布了英国建筑业 BIM 标准（AEC BIM Standard，UK）
		2010 年，由政府主导，与政府建设局开展全英 BIM 调研，并于 2011 年 3 月共同发布推行 BIM 战略报告书
		2011 年 5 月，内阁办公室发布的政府建设战略，要求所有公共建筑项目强制使用 BIM，该战略得到了英国建筑业 BIM 标准委员会的支持；
		2011 年 6 月，AEC 发布了适合 Revit 的英国建筑业 BIM 标准；
		2011 年 9 月，AEC 发布了适合 Bentley 的英国建筑业 BIM 标准；
		2012 年，发布政府 BIM 战略规划，要求项目 BIM 交付
	芬兰	2007 年，国有地产服务公司要求在自己的项目中使用 IFC/BIM，发布建筑业 BIM 设计要求，规范设计行业 BIM 应用
	丹麦	2009 年，发布建筑招投标 BIM 要求，规范 BIM 交付及阶段应用
	瑞典	2007 年，已有企业开始采用 BIM 技术
		2013 年，由瑞典交通部发表声明使用 BIM，要求从 2015 年开始，所有投资项目强制使用 BIM
亚洲	新加坡	1995 年，新加坡启动房地产建造网络（Construction Real Estate Network，CORENET），以推广及要求建筑行业对 IT 与 BIM 的应用
		2004 年，发展 CORENET 项目，建设局（BCA）等新加坡政府机构开始使用以 BIM 与 IFC 为基础的网络提交系统
		2005 年，成立 IBS 系统，BIM 技术全面引入新加坡
		2011 年，BCA 发布 BIM 发展策略，强制要求从 2013 年起提交建筑 BIM 模型，从 2014 年起提交结构和机电 BIM 模型，最终在 2015 年，建筑面积大于 $5m^2$ 的新建建筑项目都必须提交 BIM 模型
	日本	2009 年，是日本 BIM 元年，国内设计、施工企业开始应用 BIM
		2010 年，展开 BIM 调研，选取政府项目作为 BIM 试点
		2012 年，日本建筑学会发布日本 BIM 指南，是 BIM 应用的参考性文件
		2012 年，成立国内 BIM 方案解决软件联盟，研发国产 BIM 软件
	韩国	2010 年，延世大学进行国内 BIM 调研
		2011 年，发布 BIM 路线图，对 BIM 发展的时间节点做出要求
		2012 年，更新《设施管理 BIM 应用指南》

BIM 技术的研究应用，也伴随着计算机硬件技术及 3D 建模软件的发展，1996 年，Intergraph 发布了基于 Spatial Technology 的 ACIS 建模核心的 Windows 平台 3D CAD 软件 SolidEdge。Autodesk 发布的第一个全功能的 3D 建模软件 Mechanical Desktop，很快成为销路最好的 3D CAD 软件。1997 年，达索 Dassault 收购 SolidWorks，掀起了并购之风。Dassault 发布 CATWeb 浏览器，具有增强的 3D 模型浏览功能。1997 年，Intel 推出了更强的 Pentium 处理器及用于 PC 的高性能图形卡。2000 年，

以 Microstation 著称的 Bentley 收购 Intergraph（鹰图）后进入 CaBIM 市场竞争。

2002 年，Autodesk 收购创立于 1996 年的 Revit，此举对日后的 BIM 软件市场影响巨大。自此 Autodesk 在 AEC 领域开启了真正的 BIM 市场战略之路，又陆续收购了一系列的软件丰富其 BIM 产品线，并逐渐放弃将其 CAD 产品线进行 BIM 化的努力（至 2014 年才完全放弃）。BIM 开始渐渐成为主流。2006 年，CSI 学会推出集大成者的 Omniclass 建筑信息分类编码体系，并被 Revit 采纳内置为族系统的默认编码体系。随着 Revit 日渐成为主流的 BIM 建模软件，Omniclass 也渐渐普及。2007 年，Autodesk 完成了对 NavisWorks 的收购，CaBIM 软件从模型创建时代（建模）开始进入模型使用时代（用模）。

2007 年，ArchiCAD（图软）被德国 Nemetschek 收购，旗下 ArchiFM 软件独立。拥有 ArchiCAD、Vectorworks 和 Allplan 的 Nemetschek，也在 CaBIM 市场上占据举足轻重的地位了。

2012 年，天宝（Trimble）收购谷歌旗下的 SketchUp，将其纳入天宝新成立的 BIM 产品线（DBO），后陆续又收购了一系列 BIM/PM/CAFM 相关软件，包括著名的 TEKLA、VICO、Prolog、Manhattan 和 Gehry Technologies' GTeam。加上天宝既有的 GPS 设备、激光扫描仪等硬件产品，CaBIM 产品之天宝阵营正式形成，并且收购老牌 FM 系统 Manhattan，使得天宝成为唯一拥有全生命期软件的公司。

目前，BIM 的发展应用在发达国家较为普及，BIM 已成为一种创新的、被普遍认可的建筑全生命期整合信息化模式的代表，AEC 行业纷纷设立 BIM 相关岗位，原先的 CAD 经理普遍转型为 BIM 经理，原有的信息化业务进行了充分的 BIM 化，从 AEC 到 FM 的应用都已获成功，IPD 模式已然成为大势所趋。

1.3.2　国内 BIM 的发展及相关政策

国内对 BIM 的研究起步比较晚，还处于初始阶段。我国建筑业是一个特殊的行业，既要参与市场竞争，也受到国家的严格监管，是一个集市场机制与政府强制管理并存的行业。国家和地方政府的大力倡导和支持，必将是 BIM 技术发展的主要助力。

1. 国家层面促进 BIM 发展

（1）2011 年 5 月，住房和城乡建设部发布《2011—2015 年建筑业信息化发展纲要》，提出在"十二五"期间，基本实现建筑企业信息系统的普及应用，加快建筑信息模型（BIM），推动信息化标准建设，形成一批信息技术应用达到国际先进水平的建筑企业。

（2）2012 年 1 月，住房和城乡建设部发布关于印发 2012 年工程建设标准规范制订修订计划的通知，由中国建筑研究院、中国建筑标准院、相关设计施工企业、高校等组织编写《建筑信息模型应用统一标准》《建筑工程信息模型分类与编码标准》《建筑工程信息模型存储标准》《建筑工程设计信息模型交付标准》《制造工业工程设计信息模型交付标准等国家级 BIM 应用标准》。

（3）2013 年 8 月，住房和城乡建设部发布《关于征求关于推荐 BIM 技术在建筑领域应用的指导意见（征求意见稿）意见的函》，要求 2016 年以前，政府投资的 2 万平方米以上大型公共建筑以及省报绿色建筑项目的设计、施工采用 BIM 技术；截至 2020 年，完善 BIM 技术应用标准、实施指南，形成 BIM 技术应用标准和政策体系；在有关奖项，如全国优秀工程勘察设计奖、鲁班奖（国际优质工程奖）及各行业、各地区勘察设计奖和工程质量最高的评审中，设计应用 BIM 技术的条件。

（4）2014 年 7 月，住房和城乡建设部关于推进建筑业发展和改革的若干意见中提出提升建筑设计水平，加强建筑设计人才队伍建设，着力培养一批高层次创新人才；加大工程总承包推行力度，倡导工程建设项目采用工程总承包模式，鼓励有实力的工程设计和施工企业开展工程总承包业务；提升建筑业技术能力，推进建筑信息模型（BIM）等信息技术在工程设计、施工和运行维护全过程的应用，提高综合效益。

（5）2015 年 7 月，住房和城乡建设部发出《关于推进建筑信息模型应用的指导意见》，从国家层面确立了 BIM 发展应用目标。要求到 2020 年年末，甲级勘察、设计单位以及特级、一级房屋建筑工程施工企业应掌握并实现 BIM 与企业管理系统和其他信息技术的一体化集成应用；到 2020 年年末，在新立项项目勘察设计、施工、运营维护中，集成应用 BIM 的项目比率达到 90%。该文件的发布，极大地促进了 BIM 在国内建设行业的应用。

（6）2016 年 3 月，建筑工程施工信息模型应用标准（征求意见稿）发布，详细规定和规范了施工阶段 BIM 应用策划管理，施工模型创建、细度、共享，深化设计 BIM 应用、施工模拟 BIM 应用，预制加工 BIM 应用、进度管理 BIM 应用，预算成本管理 BIM 应用，质量安全管理 BIM 应用及施工监理 BIM 应用等 12 个方面，这些规定和规范对 BIM 技术在施工企业的应用具有非常好的指导作用。

（7）2016 年 9 月，住房和城乡建设部印发《2016—2020 年建筑业信息化发展纲要》，其中对勘察设计类、施工类、工程总承包类企业做了具体部署，积极探索"互联网+"，推进建筑行业的转型升级。在"十三五"时期，全面提高建筑业信息化水平，着力增强 BIM、大数据、智能化、移动通信、云计算、物联网等信息技术集成应用能力，建筑业数字化、网络化、智能化取得突破性进展，初步建成一体化行业监管和服务平台，数据资源利用水平和信息服务能力明显提升，形成一批具有较强信息技术创新能力和信息化应用达到国际先进水平的建筑企业及具有关键自主知识产权的建筑业信息技术企业。

2. 地方政府颁布的地方标准及指南文件

（1）上海市

上海市的 BIM 技术的推广发展一直走在国内的前列。

① 2013 年 1 月，《上海建设工程三维审批管理试行意见》要求对城市空间影响较大的大型公共建筑建设工程必须进行设计方案三维审批。

② 2014 年 1 月，《上海市政府工作报告》明确指出推广建筑信息模型（BIM）的工程运用。

③ 2014 年 10 月，颁布《关于在本市推进建筑信息模型技术应用的指导意见》。从 2015 年起，选择一定规模的医院、学校、保障性住房、轨道交通、桥梁（隧道）等政府投资工程和部分社会投资项目进行 BIM 技术应用试点。从 2017 年起，上海市投资额 1 亿元以上或单体建筑面积在 2 万平方米以上的政府投资工程、大型公共建筑、市重大工程，申报绿色建筑、市级和国家级优秀勘察设计、施工等奖项的工程，实现设计、施工阶段 BIM 技术应用；世博园区、虹桥商务区、国际旅游度假区、临港地区、前滩地区、黄浦江两岸等六大重点功能区域内的此类工程，全面应用 BIM 技术。

④ 2015 年 5 月，关于发布《上海市建筑信息模型技术应用指南（2015 版）》的通知。指南定调让更多的企业开始使用 BIM，指南对设计、施工、运维各阶段的 BIM 列出最基本应用点要求（见表 1-2）；住宅工业化（PC）项目必须实施 BIM；指南作为政府投资工程和 BIM 应用试点项目审核标准；统一模型交付标准。应用指南对模型的深度没有做过高的要求，但应当做好各阶段的模型衔接和传递，特别是设计和施工模型的衔接，避免过度建模和重复建模。

表 1–2 《上海市建筑信息模型技术应用指南（2015版）》对设计、施工、运维各阶段的 BIM 最基本应用要求

序号	阶段划分	阶段描述	基本应用
01	方案设计	本阶段的主要目的是为建筑后续设计阶段提供依据及指导性的文件。主要工作内容包括：根据设计条件，建立设计目标与设计环境的基本关系，提出空间构件设想、创意表达形式及结构方式等初步解决方法和方案	场地分析
02			建筑性能模拟分析
03			设计方案比选
04	初步设计	本阶段的主要目的是通过深化方案设计，论证工程项目的技术可行性和经济合理性。主要工作内容包括：拟定设计原则、设计标准、设计方案和重大技术问题以及基础形式，详细考虑和研究建筑、结构、给排水、暖通、电气等各专业的设计方案，协调各专业设计的技术矛盾，并合理确定技术经济指标	建筑、结构专业模型构建
05			建筑结构平面、立面、剖面检查
06			面积明细表统计
07	施工图设计	本阶段的主要目的是为施工安装、工程预算、设备及构件的安放、制作等提供完整的模型和图纸依据。主要工作内容包括：根据已批准的设计方案编制可供施工和安装的设计文件，解决施工中的技术措施、工艺做法、用料等问题	各专业模型构建
08			冲突检测及三维管线综合
09			竖向净空优化
10			虚拟仿真漫游
11			建筑专业辅助施工图设计
12	施工准备	本阶段的主要目的是使工程具备开工和连续施工的基本条件。主要工作内容包括：建立必需的组织、技术和物质条件，如技术准备、材料准备、劳动组织准备、施工现场准备以及施工的场外准备等	施工深化设计
13			施工方案模拟
14			构件预制加工
15	施工实施	本阶段的主要目的是完成合同规定的全部施工安装任务，以达到验收、交付的要求。主要工作内容包括：按照施工方案完成项目建造至竣工，同时，统筹调度，监控施工现场的人、材、机、法等施工资源	虚拟进度与实际进度对比
16			工程量统计
17			设备与材料管理
18			质量与安全管理
19			竣工模型构建
20	运营	本阶段的主要目的是管理建筑设施设备，保证建筑项目的功能、性能满足正常使用的要求。主要工作内容包括：建筑设施设备的运营与维护、资产管理，以及相关的公共服务等	运营系统建设
21			建筑设备运营管理
22			空间管理
23			资产管理

⑤ 2016 年 9 月，《关于进一步加强推进建筑信息模型技术推广应用的通知》要求自 2016 年 10 月 1 日起，下列新立项项目在设计和施工阶段应用 BIM 技术，鼓励其他阶段应用 BIM 技术。本市投资额 1 亿元以上或单体建筑面积在 2 万平方米以上的政府投资工程、大型公共建筑、市重大工程、申报绿色建筑、市级和国家级优秀勘察设计、施工等奖项的工程，实现设计、施工阶段 BIM 技术应用；世博园区、虹桥商务区、国际旅游度假区、临港地区、前滩地区、黄浦江两岸等六大重点功能区域内的此类工程，至 2017 年起，全面应用 BIM 技术。

由建设单位牵头组织实施 BIM 技术应用的项目，在设计、施工两个阶段应用 BIM 技术，每平米补贴 20 元，最高不超过 300 万元；在设计、施工、运维阶段全部应用 BIM 技术，每平米补贴 30 元，最高不超过 500 万元；补贴资金由建设单位向市住房和城乡建设委员会提出申请，从上海建筑节能与绿色建筑示范项目专项扶持资金中列支。评标中对参与《上海建筑信息模型技术应用试点项目》等具有 BIM 技术应用能力的企业给予加分。

（2）北京市

2014 年 9 月，北京地方标准《民用建筑信息模型设计标准》正式实施，这个标准提出、BIM 的资源要求、模型深度要求、交付要求是在 BIM 的实施过程规范民用建筑 BIM 设计的基本内容。

（3）广东省

2014 年 9 月，广东省发布《关于开展建筑信息模型 BIM 技术推广应用工作的通知》，明确各阶段目标，到 2020 年年底，全省建筑面积 2 万平方米及以上的工程普遍应用 BIM 技术。

2015 年 5 月，深圳发布全国首例政府公共工程 BIM 实施纲要和实施管理标准——《深圳市建筑工务署政府公共工程 BIM 应用实施纲要》和《深圳市建筑工务署 BIM 实施管理标准》，明确了 BIM 应用的阶段性目标，BIM 应用参与各方的职责和设计、施工、运维等阶段的 BIM 应用的标准和要求。

辽宁、山东、陕西、福建、四川、重庆等省和直辖市的一批相关 BIM 应用标准在相继制定中。

近两年来，BIM 人才渐起，翻模员岗位剧增，国产建筑软件尤其是 CAD 软件纷纷改称 BIM，中国的巨大建筑市场一时间成为全球建筑面积最大的 BIM 服务市场，政府扶持力度巨大，融合了中国当代特色的中国式 BIM 逐渐形成。

BIM 技术的发展势力会越来越迅猛，BIM 技术的运用会越来越普遍。BIM 在建筑业的运用是服务于项目的整个周期，为建筑的各项工作提供便利流畅的平台。现阶段，BIM 仍处于不断完善整合的状态中，BIM 作为目前策划最有效的辅助工具，将会得到越来越广泛的应用，具有十分美好的发展前景。

1.4　BIM 相关技术

在全球信息技术飞速发展的今天，信息技术正日益成为直接推动人类社会发展的动力，信息技术正迅速渗透到社会生活和经济的各个领域。BIM 技术与其他相关技术相辅相成，对传统的建筑行业带来前所未有的变革。下面将介绍与 BIM 相关的技术及新型建筑业模式。

1.4.1　BIM 与云计算、云平台

1. 云计算是什么

简单地说，云计算是一种服务，美国国家标准与技术研究院（NIST）将云计算定义为：它是一种按使用量付费的模式，这种模式提供可用的、便捷的、按需的网络访问，进入可配置的计算资源共享池（资源包括网络、服务器、存储、应用软件、服务），这些资源能够快速提供，只需投入很少的管理精力，或与服务供应商进行很少的交互。因此，云计算甚至可以让用户体验每秒 10 万亿次的运算能力，拥有这么强大的计算能力可以模拟核爆炸、预测气候变化和市场发展趋势。用户通过计算机、笔记本电脑、手机等方式接入数据中心，按自己的需求进行运算。

云计算使计算分布在大量的分布式计算机上，而非本地计算机或远程服务器中，企业数据中心的运行将与互联网更相似。这使得企业能够将资源切换到需要的应用上，根据需求访问计算机和存储系统。

云计算是技术概念也是一种商业模式，好比是从古老的单台发电机模式转向了电厂集中供电的模式，如图 1-4 所示。它意味着计算能力也可以作为一种商品流通，就像煤气、水电一样，取用方便，

费用低廉，只不过它是通过互联网传输的。

图 1-4　云计算是技术与商业模式的双重创新

2. 云计算的服务形式

云计算主要有以下几个层次的服务：基础设施即服务、平台即服务和软件即服务。

（1）基础设施即服务

基础设施即服务（Infrastructure as a Service，IaaS）。消费者通过 Internet 可以从完善的计算机基础设施获得服务，如硬件服务器租用。

（2）平台即服务

平台即服务（Platform as a Service，PaaS）。PaaS 实际上是指将软件研发的平台作为一种服务，以 SaaS 的模式提交给用户。因此，PaaS 也是 SaaS 模式的一种应用。但是，PaaS 的出现可以加快 SaaS 的发展，尤其是加快 SaaS 应用的开发速度，如软件的个性化定制开发。

（3）软件即服务

软件即服务（Software as a Service，SaaS）。它是一种通过 Internet 提供软件的模式，用户无需购买软件，而是向提供商租用基于 Web 的软件来管理企业经营活动，如阳光云服务器。

3. 云平台

云平台由搭载了云平台服务器端软件的云服务器、搭载了云平台客户端软件的云计算机以及网络组件构成，用于提高低配置或老旧计算机的综合性能，使其达到现有流行速度的效果。

一个应用平台（Application Platform）包含以下 3 个部分。

（1）一组基础设施服务（Infrastructure Services）。在现代分布式环境中，应用经常要用到由其他计算机提供的基本服务，如提供远程存储服务、集成服务及身份管理服务等。

（2）一个基础（Foundation）。几乎所有应用都会用到一些在机器上运行的平台软件。各种支撑功能（如标准的库与存储，以及基本操作系统等）均属此部分。

（3）一套应用服务（Application Services）。随着越来越多的应用面向服务化，这些应用提供的功能可为新应用所使用。尽管这些应用主要是为最终用户提供服务的，但这也令它们成为应用平台的一部分（也许你要奇怪，为什么要把别的应用视为平台的一部分，但在面向服务的世界里是这样的）。

4. BIM 与云计算、云平台

BIM 与云计算集成应用，是利用云计算的优势将 BIM 应用转化为 BIM 云服务，目前在我国尚处于探索阶段。

基于云计算强大的计算能力，可将 BIM 应用中计算量大且复杂的工作转移到云端，以提升计算效率；基于云计算的大规模数据存储能力，可将 BIM 模型及其相关的业务数据同步到云端，方便用户随时随地地访问并与协作者共享；云计算使得 BIM 技术走出办公室，用户在施工现场可通过移动设备随时连接云服务，及时获取所需的 BIM 数据和服务等。

很多大型 BIM 软件都建立了相应的基于 BIM 的云平台管理系统，如 Autodesk A360 协同云平台、Bentley ProjectWise 协同云平台、广联云空间等，这些云平台，除了直接为用户提供工程项目数据管理、多方协作等基础功能外，还提供 BIM、施工、工程信息、电子商务等多个专业模块。项目部将 BIM 信息及工程文档同步保存至云端，并通过精细的权限控制及多种协作功能，满足了项目各专业、全过程海量数据的存储、多用户同时访问及协同的需求，确保了工程文档能够快速、安全、便捷、受控地在团队中流通和共享，大大提升建设项目的管理水平和工作效率。

根据云的形态和规模，BIM 与云计算集成应用将经历初级、中级和高级发展阶段。初级阶段以项目协同平台为标志，主要厂商的 BIM 应用通过接入项目协同平台，初步形成文档协作级别的 BIM 应用；中级阶段以模型信息平台为标志，合作厂商基于共同的模型信息平台开发 BIM 应用，并组合形成构件协作级别的 BIM 应用；高级阶段以开放平台为标志，用户可根据差异化需要从 BIM 云平台上获取所需的 BIM 应用，并形成自定义的 BIM 应用。

1.4.2　BIM 与物联网

1. 物联网

物联网的概念是在 1999 年提出的，物联网的英文名：Internet of Things（IoT），也称为 Web of Things。物联网被视为互联网的应用扩展，应用创新是物联网发展的核心，以用户体验为核心的创新是物联网发展的灵魂。2005 年，在突尼斯举行的信息社会世界峰会上，国际电信联盟发布了《ITU 互联网报告 2005：物联网》，正式提出了"物联网"的概念。

物联网就是通过各种信息传感设备，如传感器、射频识别（RFID）技术、全球定位系统、红外线感应器、激光扫描器、气体感应器等各种装置与技术，实时采集任何需要监控、连接、互动的物体或过程，采集其声、光、热、电、力学、化学、生物、位置等各种需要的信息，与互联网结合形成的一个巨大网络。其目的是实现物与物、物与人，所有的物品与网络的连接，方便识别、管理和控制。

业内专家认为，物联网一方面可以提高经济效益，大大节约成本；另一方面还可以为全球经济的复苏提供技术动力。美国、欧盟各国等都在投入巨资深入研究探索物联网。我国也高度重视物联网的研究。

2. BIM 与物联网

BIM 与物联网集成应用，实质上是建筑全过程信息的集成与融合。BIM 技术发挥上层信息集成、交互、展示和管理的作用，而物联网技术则承担底层信息感知、采集、传递、监控的功能。二者集成应用可以实现建筑全过程的"信息流闭环"，实现虚拟信息化管理与实体环境硬件之间的有机融合。目前 BIM 在设计阶段应用较多，并开始向建造和运维阶段应用延伸。物联网应用目前主要集中在建造和运维阶段，二者集成应用将会产生极大的价值。

在工程建设阶段，二者集成应用可提高施工现场的安全管理能力，确定合理的施工进度，支持有效的成本控制，提高质量管理水平。例如，临边洞口防护不到位、部分作业人员高处作业不系安全带等安全隐患在施工现场无处不在，基于 BIM 的物联网应用可实时发现这些隐患并报警提示。高空作业人员的安全帽、安全带、身份识别牌上安装的无线射频识别，可在 BIM 系统中实现精确定位，如果作业行为不符合相关规定，身份识别牌与 BIM 系统中的相关定位会同时报警，管理人员可精准定位隐患位置，并采取有效措施避免安全事故发生。图 1-5 所示为利用二维码控制施工过程的管理示意图，图 1-6 所示为 RFID 技术在建筑资产管理中的应用。

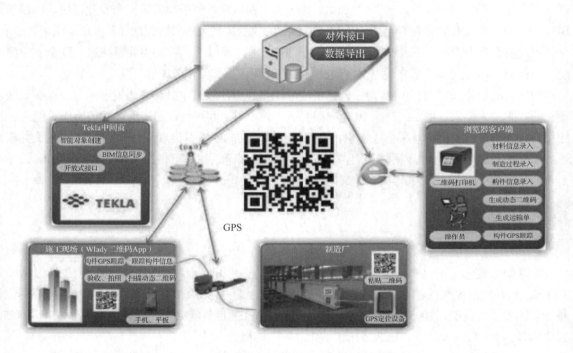

图 1-5　利用二维码控制施工过程管理

在建筑运维阶段，二者集成应用可提高设备的日常维护维修工作效率，提升对重要资产的监控水平，增强安全防护能力，并支持智能家居。

BIM 与物联网集成应用目前处于起步阶段，尚缺乏数据交换、存储、交付、分类和编码、应用等系统化、可实施操作的集成和实施标准，且面临着法律法规、建筑业现行商业模式、BIM 应用软件等诸多问题，但这些问题将会随着技术的发展及管理水平的不断提高得到解决。

BIM 与物联网的深度融合与应用，势必将智能建造提升到智慧建造的新高度，开创智慧建筑新时代，BIM 是未来建设行业信息化发展的重要方向之一。未来建筑智能化系统，将会出现以物联网为核心，以功能分类、相互通信兼容为主要特点的建筑"智慧化"大控制系统。

1.4.3　BIM 与 3D 扫描

1. 3D 扫描

3D 扫描是集光、机、电和计算机技术于一体的高新技术，主要用于扫描物体空间外形、结构及色彩，以获得物体表面的空间坐标，具有测量速度快、精度高、使用方便等优点，且其测量结果可直接通过接口导入多种软件。

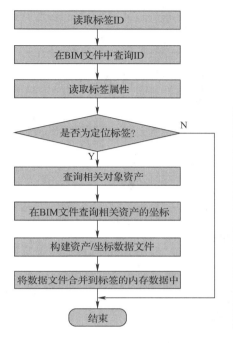

（a）更新资产坐标位置标签流程

标签类型	数据	示例
资产标签	ID	123
	资产最后一次检查的相关时间信息	14/2/1
定位标签	ID	124
	相关的空间信息	房间1
	空间的ID	122
	空间的使用者	某某
	空间的有害物质	无
	相关资产名称	钢瓶1
	资产的ID	321
	资产的坐标	X，Y

（b）保存在标签中的数据

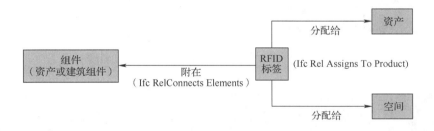

（c）RFID标签及其依附的资产和空间关系

图 1-6　RFID 技术在建筑资产管理中的应用

　　3D 扫描获取的是激光点云。当一束激光照射到物体表面时，所反射的激光会携带方位、距离等信息。若将激光束按照某种轨迹扫描，会边扫描边记录反射的激光点信息，由于扫描极为精细，能够得到大量的激光点，所以可形成激光点云。

　　建筑物三维数据的获取可采用基于脉冲式的三维激光扫描仪，室外测量可不受环境光线影响。三维激光扫描仪通过连续快速的水平和垂直方向的点测量，实现面测量，也就是说，将空间按照极坐标系划分成指定的水平和垂直间隔，然后快速测量网格交点处的距离，最后通过角度计算得到点位空间坐标。3D 扫描场景示意图如图 1-7 所示。

　　多个站点扫描的 3D 点云数据，经过去噪、配准等工作之后形成模型的完整点云数据。点云数据只是场景表面的高密度空间坐标信息，而要获得具有真实感场景的三维模型，还必须在扫描时同步获取场景高精度的纹理信息。融合式地面三维激光扫描系统在扫描过程中，由激光扫描仪获取场景的点云数据，数码摄像机同步获取对应的场景纹理信息，再经过精简、三维重建等后期的数据处理，可以生成场景的真实感三维模型，如图 1-8 所示。

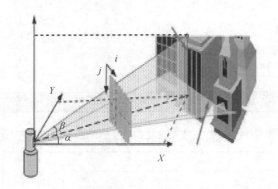
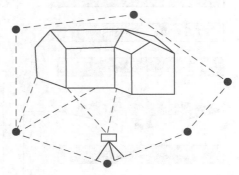

（a）单一站点扫描示意　　　　　　　　　　　　　　（b）多站点扫描获取完整数据

图 1-7　3D 扫描场景示意

（a）不同尺度下的点云精简

（b）点云数据的表面重建

图 1-8　点云数据的后期处理

2. BIM 与 3D 扫描

3D 激光扫描技术可有效、完整地记录工程现场复杂的情况，通过与设计模型进行对比，直观地反映出现场真实的施工情况，为工程检验等工作带来巨大帮助。同时，针对一些古建类建筑，3D 激光扫描技术可快速、准确地形成电子化记录，形成数字化存档信息，方便后续的修缮改造等工作。此外，对于现场难以修改的施工现状，可通过 3D 激光扫描技术得到现场真实信息，为其量身定做装饰构件等材料。BIM 与 3D 扫描集成，是将 BIM 模型与对应的 3D 扫描模型进行对比、转化和协调，达到辅助工程质量检查、快速建模、减少返工的目的，可解决很多传统方法无法解决的问题。

　　BIM 与 3D 激光扫描技术的集成，越来越多地应用在建筑施工领域，在施工质量检测、辅助实际工程量统计、钢结构预拼装等方面具有较大价值。例如，将施工现场的 3D 激光扫描结果与 BIM 模型进行对比，可检查现场施工情况与模型、图纸的差别，协助发现现场施工中的问题（如图 1-9 所示），这在传统方式下，工作人员需要拿着图纸、皮尺在现场检查，费时又费力。

图 1-9　西安都城隍庙三维扫描场景

　　例如，针对土方开挖工程中较难统计测算土方工程量的问题，可在开挖完成后对现场基坑进行 3D 激光扫描，基于点云数据进行 3D 建模，再利用 BIM 软件快速测算实际模型体积，并计算现场基坑的实际挖掘土方量。此外，通过与设计模型对比，还可以直观了解基坑挖掘质量等其他信息。

1.4.4　BIM 与 GIS

1. GIS

　　地理信息系统（Geographic Information System，GIS）是一门综合性学科，广泛应用在不同的领域，该系统结合了地理学、地图学、遥感和计算机科学等学科，是用于输入、存储、查询、分析和显示地理数据的计算机系统，随着 GIS 的发展，GIS 还被称为"地理信息科学"（Geographic Information Science）和"地理信息服务"（Geographic Information Service）。

　　GIS 是一种基于计算机的工具，它可以对空间信息进行分析和处理（简而言之，是对地球上存在的现象和发生的事件进行成图和分析）。GIS 技术把地图这种独特的视觉化效果和地理分析功能与一般的数据库操作（如查询和统计分析等）集成在一起。GIS 与其他信息系统最大的区别是对空间信息的存储管理分析，从而使其能在广泛的公众和个人企事业单位中的解释事件、预测结果、规划战略等中发挥实用价值。

　　多年来我国发射了多颗高分遥感卫星，利用我国高分卫星数据，处理大数据，部署云计算，建设物联网，利用地理信息融合处理，实现城市管理的信息化、智慧化。图 1-10 所示为 3D GIS 遥感数据信息。

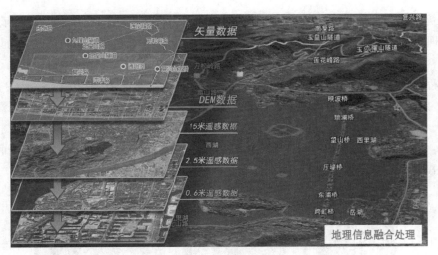

图 1-10　3D GIS 遥感数据

2. BIM 与 GIS

BIM 与 GIS 集成应用，是通过数据集成、系统集成或应用集成来实现的，可在 BIM 应用中集成 GIS，也可以在 GIS 应用中集成 BIM，或是 BIM 与 GIS 深度集成，以发挥各自优势，拓展应用领域。目前，BIM 与 GIS 集成应用于城市规划、城市交通分析、城市微环境分析、市政管网管理、住宅小区规划、数字防灾、既有建筑改造等诸多领域，与各自单独应用相比，二者集成后在建模质量、分析精度、决策效率、成本控制水平等方面都有明显提高。图 1-11 所示为 BIM+GIS 图层叠加后以满足城市管理的不同用途示意图。

图 1-11　BIM+GIS 图层叠加满足城市管理的不同用途

BIM 与 GIS 集成应用，可提高长线工程和大规模区域性工程的管理能力。BIM 的应用对象往往是单个建筑物，利用 GIS 宏观尺度上的功能，可将 BIM 的应用范围扩展到道路、铁路、隧道、水电、港口等工程领域。例如，邢汾高速公路项目开展 BIM 与 GIS 集成应用，实现了基于 GIS 的全线宏观管理、基于 BIM 的标段管理以及桥隧精细管理相结合的多层次施工管理。

BIM 与 GIS 集成应用，可增强大规模公共设施的管理能力。现阶段，BIM 应用主要集中在设计、施工阶段，二者集成应用可解决大型公共建筑、市政及基础设施的 BIM 运维管理，将 BIM 应用延伸到运维阶段。例如，昆明新机场项目将二者集成应用，成功开发了机场航站楼运维管理系统，实现了航站楼物业、机电、流程、库存、报修与巡检等日常运维管理和信息动态查询。

BIM 与 GIS 集成应用，还可以拓宽和优化各自的应用功能。导航是 GIS 应用的一个重要功能，但仅限于室外。二者集成应用，不仅可以将 GIS 的导航功能拓展到室内，还可以优化 GIS 已有的功能。例如，利用 BIM 模型精细描述室内信息，可以保证在发生火灾时，室内逃生路径是最合理的，而不再只是路径最短。

随着互联网的高速发展，基于互联网和移动通信技术的 BIM 与 GIS 集成应用，将改变二者的应用模式，向着网络服务的方向发展。当前，BIM 和 GIS 不约而同地开始融合云计算这项新技术，分别出现了"云 BIM"和"云 GIS"的概念，云计算的引入将使 BIM 和 GIS 的数据存储方式发生改变，数据量级也将得到提升，其应用也会得到跨越式发展。

1.4.5　BIM 与 VR/AR

1. 虚拟现实

虚拟现实（Virtual Reality，VR）技术是仿真技术的一个重要方向，是仿真技术与计算机图形学、人机接口技术、多媒体技术、传感技术、网络技术等多种技术的集合，是一门富有挑战性的交叉技术前沿学科和研究领域。虚拟现实技术主要包括模拟环境、感知、自然技能和传感设备等方面。模拟环境是由计算机生成的、实时动态的三维立体逼真图像。感知是指理想的 VR 应该具有一切人所具有的感知。除计算机图形技术生成的视觉感知外，还应具备听觉、触觉、力觉、运动等感知，甚至包括嗅觉和味觉等，也称为多感知。自然技能是指人的头部转动、眼睛、手势或其他人体行为动作，由计算机来处理与参与者的动作相适应的数据，对用户的输入做出实时响应，并分别反馈到用户的五官。传感设备是指三维交互设备。

作为现代科技前沿的综合体现，VR 艺术是通过人机界面对复杂数据进行可视化操作与交互的一种新的艺术语言形式，它最吸引艺术家的一点在于艺术思维与科技工具的密切交融和二者深层渗透产生的全新认知体验。与传统视窗操作下的新媒体艺术相比，交互性和扩展的人机对话，是 VR 艺术呈现其独特优势的关键所在。从整体意义上说，VR 艺术是以新型人机对话为基础的交互性的艺术形式，其最大优势在于建构作品与参与者的对话，通过对话揭示意义生成的过程。

2. 增强现实

增强现实（Augmented Reality，AR），也被称为混合现实。它通过计算机技术，将虚拟的信息应用到真实世界中，真实的环境和虚拟的物体实时叠加到同一个画面或空间同时存在。增强现实提供了在一般情况下，不同于人类可以感知的信息。它不仅展现了真实世界的信息，而且将虚拟的信息同时显示出来，两种信息相互补充、叠加。在视觉化的增强现实中，用户利用头盔显示器，把真实世界与计算机图形多重合成在一起。

增强现实是虚拟与现实的连接入口，与 Oculus 等设备主张的虚拟世界沉浸不同，AR 注重虚拟与现实的连接，是为了达到更震撼的现实增强体验。简单地说，VR 是假的，一切都是假的，但是尽量让你感觉是真实的；AR 就是在真实存在的场景中加入一些虚拟的物体，营造一种"半真半假"的感觉。

3. BIM 与 VR/AR

BIM 技术的理念是建立涵盖建筑工程全生命期的模型信息库，并实现各个阶段、不同专业之间基于模型的信息集成和共享。BIM 与虚拟现实技术集成应用的主要内容包括虚拟场景构建、施工进度模拟、复杂局部施工方案模拟、施工成本模拟、多维模型信息联合模拟以及交互式场景漫游，目的是应用 BIM 信息库，辅助虚拟现实技术能更好地应用于建筑工程项目全生命期中。图 1-12 是施工技术人员通过 VR 熟悉新工艺，进而高效指导施工的示意图。

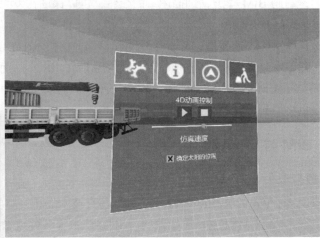

图 1-12　施工技术人员通过 VR 熟悉新工艺，进而高效指导施工

　　BIM 与虚拟现实技术集成应用，可提高模拟的真实性。传统的二维、三维表达方式，只能传递建筑物单一尺度的部分信息，使用虚拟现实技术可展示一栋虚拟建筑物，使人产生身临其境之感，并且可以将任意相关的信息整合到已建立的虚拟场景中，联合模拟多维模型信息。可以实时以任意视角查看各种信息与模型的关系，指导设计、施工，辅助监理、监测人员开展相关工作。

　　BIM 与虚拟现实技术集成应用，可以有效支持项目成本管控。据不完全统计，一个工程项目大约有 30%的施工过程需要返工、60%的劳动力资源被浪费以及 10%的材料被损失浪费。不难推算，在庞大的建筑施工行业中，每年约有万亿元的资金流失。BIM 与虚拟现实技术集成应用，通过模拟工程项目的建造过程，在实际施工前即可确定施工方案的可行性及合理性，减少或避免设计中存在的大多数错误；可以方便地分析出施工工序的合理性，生成对应的采购计划和财务分析费用列表，高效地优化施工方案；还可以提前发现设计和施工中的问题，及时更新设计、预算、进度等属性，并保证获得数据信息的一致性和准确性。二者集成应用，可在很大程度上减少建筑施工行业中普遍存在的低效、浪费和返工现象，缩短项目计划和预算编制的时间，提高计划和预算的准确性。

　　BIM 与虚拟现实技术集成应用，可有效提升工程质量。在施工之前，将施工过程在计算机上进行三维仿真演示，可以提前发现并避免在实际施工中可能遇到的各种问题，如管线碰撞、构件安装等，以便指导施工和制订最佳施工方案，从整体上提高建筑施工效率，确保工程质量，消除安全隐患，并有助于降低施工成本与时间耗费。

　　BIM 与虚拟现实技术集成应用，可提高模拟工作中的可交互性。在虚拟的三维场景中，可以实时切换不同的施工方案，在同一个观察点或同一个观察序列中感受不同的施工过程，有助于比较不同施工方案的优势与不足，以确定最佳施工方案。可以修改某个特定的局部，并实时与修改前的方案进行分析比较。此外，还可以直接观察整个施工过程的三维虚拟环境，快速查看不合理或者错误之处，避免返工。

虚拟施工技术在建筑施工领域的应用是必然趋势，未来在设计、施工中的应用前景广阔，这必将推动我国建筑施工行业迈入一个崭新的时代。

1.4.6　BIM 与绿色建筑

1. 绿色建筑

1975 年，英国剑桥大学的 Brenda Vale 和 Robert Vale 教授在其著作《The New Autonomous House》（《新自维持住宅》）中提出建造能源自足、环境好、容易维护的房屋，该著作被认为是绿色建筑的奠基之作。20 世纪 70 年代爆发全球性的能源危机，使得太阳能、地热、风能等各种建筑节能技术应运而生，以建筑节能为主要发展方向的绿色建筑逐渐兴起。

国际能源署（Intenational Energy Agency，IEA）将绿色建筑定义为"提高能源和水的利用效率，减少建筑材料和自然资源消耗，从而有益于人的健康和环境保护"。因此绿色建筑是在建筑的全生命期内，最大限度地节约资源（节能、节地、节水、节材）、保护环境和减少污染，为人们提供健康、适用和高效的使用空间，与自然和谐共生的建筑。

1990 年世界首个绿色建筑标准在英国发布，1993 年美国创建绿色建筑协会，2000 年加拿大推出绿色建筑标准。自 1992 年巴西里约热内卢联合国环境与发展大会以来，中国政府相继颁布了若干相关纲要、导则和法规，大力推动绿色建筑的发展。2004 年 9 月，建设部"全国绿色建筑创新奖"的启动标志着中国的绿色建筑进入了全面发展阶段。2005 年 3 月召开的首届国际智能与绿色建筑技术研讨会暨技术与产品展览会（每年一次），公布"全国绿色建筑创新奖"获奖项目及单位，同年发布了《建设部关于推进节能省地型建筑发展的指导意见》。2006 年，住房和城乡建设部正式颁布了《绿色建筑评价标准》。

2014 年 4 月 15 日，住房和城乡建设部颁布了新的绿色建筑标准 GB/T 50378-2014，自 2015 年 1 月 1 日起实施。新标准将标准适用范围由住宅建筑和公共建筑中的办公建筑、商场建筑和旅馆建筑，扩展至各类民用建筑；将评价分为设计评价和运行评价；绿色建筑评价指标体系在节地与室外环境、节能与能源利用、节水与水资源利用、节材与材料资源利用、室内环境质量和运行管理 6 类指标的基础上，增加"施工管理"类评价指标；调整评价方法，对各评价指标评分，并以总得分率确定绿色建筑等级。 相应地，将旧版标准中的一般项改为评分项，取消优选项；增设加分项，鼓励绿色建筑技术、管理的创新和提高；明确单体多功能综合性建筑的评价方式与等级确定方法；修改部分评价条文，并为所有评分项和加分项条文分配评价分值。新标准使绿色建筑的评价更具操作性。

2. BIM 与绿色建筑

建设项目的景观可视度、日照、风环境、热环境、声环境等绿色建筑性能指标在开发前期就已经基本确定，但是由于缺少合适的技术手段，一般项目很难有时间和费用对上述各种性能指标进行多方案分析模拟，BIM 技术为绿色建筑性能分析的普及应用提供了可能性。图 1-13 所示为利用 BIM 模型分析绿色建筑的性能示意图。

一方面，BIM 模型能够自动生成各类材料的明细表，分析绿色建筑的相关条款；另一方面，BIM 模型与专业分析软件结合使用使绿色建筑的综合评价成为可能，例如，将 Revit 建立的 BIM 模型导入 Ecotect Analysis、DOE-2 等分析软件中分析各类环境，实现绿色建筑的设计、施工、评价。

（a）建筑温度场分析　　　　　　　　　　　　　　（b）日照模拟

（c）户型通风分析　　　　　　　　　　　　　　　（d）采光分析

图 1-13　利用 BIM 模型分析绿色建筑的性能

BIM 基于最先进的三维数字设计解决方案构建的"可视化"的数字建筑模型，为设计师、建筑师、水电暖铺设工程师、开发商乃至最终用户等各环节人员提供"模拟和分析"的科学协作平台，帮助他们利用三维数字模型对项目进行设计、建造及运营管理，为建筑设计的"绿色探索"注入高科技力量。

正如绿色建筑在改变设计与施工流程一样，BIM 具有提升创新、设计和施工效率的潜力。随着绿色建筑在建筑业的份额越来越大，BIM 也能得到更广泛的认可。因此，BIM 利用数字模型能有效提高设计、施工和项目运营的效率，BIM 将得到更广泛的应用。

1.4.7　BIM 与装配式建筑

1. 装配式建筑

装配式建筑是用预制部件在工地装配而成的建筑。装配式建筑在 20 世纪初就开始引起人们的兴趣，到 20 世纪 60 年代终于实现。英、法、苏联等国首先做了尝试。装配式建筑的建造速度快、生产成本较低，因此迅速在世界各地推广开来。

我国装配式建筑规划自 2015 年以来密集出台，2015 年年末发布《工业化建筑评价标准》，决定 2016 年全国全面推广装配式建筑，并取得突破性进展；2015 年 11 月 14 日，住建部出台《建筑产业现代化发展纲要》，计划到 2020 年，装配式建筑占新建建筑比例的 20% 以上，到 2025 年，装配式建筑占新建建筑比例的 50%以上；2016 年 2 月 22 日，国务院出台《关于大力发展装配式建筑的指导意见》要求因地制宜发展装配式混凝土结构、钢结构和现代木结构等装配式建筑，力争用 10 年左右的时间，使装配式建筑占新建建筑面积的比例达到 30%；2016 年 3 月 5 日，政府工作报告提出要大力发展钢结构和装配式建筑，提高建筑工程标准和质量；2016 年 7 月 5 日，住建部出台《住房和城乡建设部 2016 年科学技术项目计划装配式建筑科技示范项目名单》并公布了 2016 年科学技术项目建设装配式建筑科技示范项目名单；2016 年 9 月 14 日，国务院召开国务院常务会议，提出要大力发展装配式建筑推动产业结构调整升级；2016 年 9 月 27 日，国务院出台《国务院办公厅关于大力发展装配式建筑的指导意见》，明确了大力发展装配式建筑和钢结构的重点区域、未来装配式建筑占比新建筑目标及重点发展城市。

装配式建筑大量的建筑部品由车间生产加工完成，构件种类主要有：外墙板、内墙板、叠合板、阳台、空调板、楼梯、预制梁和预制柱等；现场大量的装配作业、原始现浇作业大大减少；采用建筑、装修一体化设计、施工，理想状态是装修可随主体施工同步进行；由于设计的标准化和管理的信息化，构件越标准，生产效率越高，相应的构件成本就会下降，再配合工厂的数字化管理，整个装配式建筑的性价比会越来越高，也会越来越符合绿色建筑的要求，图 1-14 为装配式建筑生产流程。

2. BIM 与装配式建筑

新型装配式建筑是设计、生产、施工、装修和管理"五位一体"的体系化和集成化的建筑，而不是传统生产方式装配化的建筑，装配式建筑的核心是集成，BIM 方法是集成的主线。

（1）标准化 BIM 构件库。新型装配式建筑的典型特征是标准化的预制构件或部品在工厂生产，然后运输到施工现场装配、组装成整体，如图 1-14 所示。在装配式建筑 BIM 应用中，应模拟工厂加工的方式，以预制构件模型的方式来进行系统集成和表达，这就需要建立装配式建筑的 BIM 构件库。

（2）BIM 构件拆分及优化设计。在传统方式下，大多是施工图完成后，再由构件厂拆分构件。实际上，正确的做法是在前期策划阶段就介入确定好装配式建筑的技术路线和产业化目标，在方案设计阶段，根据既定目标依据构件拆分原则创作方案。

BIM 信息化有助于上述工作的进行，经过可视化分析单个外墙的几何属性，可以优化预制外墙的类型数量，减少预制构建的类型和数量，如图 1-14（a）所示。

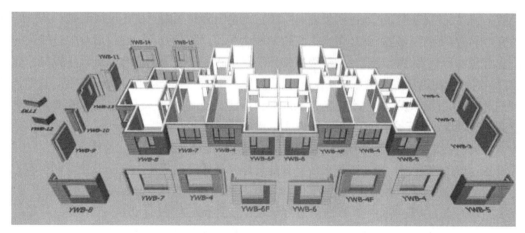

（a）装配式墙的 BIM 模型

图 1-14　装配式建筑生产流程

（b）工厂预制生产

（c）部件的运输

（d）部件现场吊装

（e）部件装配

图 1-14　装配式建筑生产流程（续）

1.4.8　BIM 与智慧建筑

1. 智慧建筑

随着大数据、物联网、云计算等新一代互联网技术在建筑行业的不断探索实践，"智慧建筑"的概念应运而生。

目前，智慧建筑的研究还处在初级发展阶段，无论国际和国内，都还没有明确、统一的概念和定义，有些学者认为智慧建筑就是在当下"智慧地球"和"智慧城市"建设浪潮中对建筑的一种时髦叫法；有些学者认为智慧建筑就是升级版的智能建筑；还有些认为智慧建筑就是更加节能环保的绿色建筑。对智慧建筑认识的侧重点不同，对智慧建筑的理解也不尽相同。然而，智慧建筑不是"智慧"一词对建筑的简单修饰，它有着丰富的内涵，是建筑技术在新一代信息技术的变革影响下，建筑行业适应新时代、满足新需求的发展趋势。

智慧建筑也就是建筑智慧化，最权威的定义由国际标准协会给出，"它是建立在建筑的平台上，对建筑设备、自动化系统、智能服务系统、智能管理系统实现最优化的控制，使人们享有方便、智能的建筑环境"。我国学术界对智慧建筑的定义是：将传统建筑方式与现代化的控制系统相结合，在各项能被控制的点上实现智能化，打造出适合于人、方便于人的生活环境。

智慧建筑是以建筑、人与环境为对象，结合计算机技术、互联网技术等，提供安全高效、环境舒适、能耗更低的建筑。智慧建筑是安全的，它能深度感知建筑及环境，实时监测建筑结构的健康，对运行过程中的异常情况进行预警，确保建筑使用安全；智慧建筑是舒适的，它能采集和存储运行维护中的大量数据，通过现代科学技术分析与挖掘数据，实现智能分析与控制，提供功能齐全、环境舒适、服务更加智慧化的建筑环境；智慧建筑是节能和环保的，智慧设计、智慧建造和智慧运维贯穿建筑的全生命期，实现节约能源、降低能耗、减少污染和绿色环保。具体的智慧建筑功能分析如图 1-15 所示。

图 1-15　智慧建筑的功能分析

2. BIM 与智慧建筑

建筑信息技术的发展伴随着电子技术、计算机技术、通信技术、自动化技术、互联网技术的发展而发展，近年来兴起的新兴 IT 技术，如物联网技术、云计算技术、大数据技术、BIM 技术以及人工智能技术等，进一步促进了智慧建筑的发展，为智慧建筑的实现和发展提供了技术支撑。智慧建筑技术架构如图 1-16 所示。

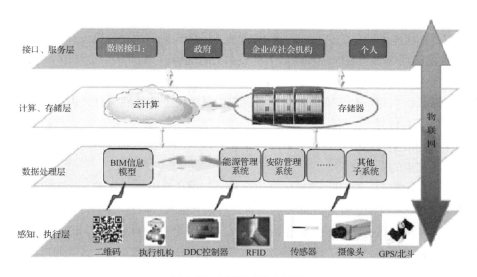

图 1-16　智慧建筑技术框架

　　BIM 技术可以帮助智慧建筑实现智慧设计、智慧建造和智慧运维的各个阶段。在设计阶段，BIM 技术对建筑物各专业建立三维模型，可以进行各种各样的建筑性能分析，将建筑更直观地展示出来；在建设阶段，BIM 技术可以模拟整个建造过程，优化施工方案，进行精细化管理；在运行和维护阶段，BIM 技术与物联网、云计算等互联网技术相结合，可以实现对智慧建筑的结构、环境和能耗等方面的监测与分析，通过可视化的应用将智慧建筑的全要素生动直观地表达给终端用户。

　　智慧建筑可以看作是相互关联的建筑子系统的"超级系统"，BIM 技术应用为智慧建筑的实施提供重要的数据处理和管理方法。曾经有人把智慧建筑与互联网相提并论，因为互联网将计算机网络连接到了一个更大的"超级网络"中。在智慧建筑中，系统集成可以降低运营成本。应该说，智慧建筑是明智的投资，它不仅能够引导能源消耗并降低成本，实现效率和环保责任，而且能够提高建筑管理的效能和生产力，改善能源效率和提高客户满意度。社会鼓励不同的行业整合并携手合作，从而创造融合各种技术和专业知识的基础设施，BIM 技术让建筑变得更智慧。

1.4.9　BIM 与古建筑保护

1. 古建筑保护

　　建筑是人类历史文化的载体，在任何时代，建筑都以独特的形象展现出它的风貌，反映它包容的各种信息和内涵。建筑的发展是人类进步与文明的标志，古建筑则是文明进程的见证者。古建筑大致可分为 7 个体系：欧洲建筑、中国建筑、古埃及建筑、伊斯兰建筑、古代西亚建筑、古代印度建筑和古代美洲建筑，其中有的在历史的长河中或中断或流传不广，一直以来影响较大的是中、欧建筑两大系统。

　　古建筑不仅有很高的历史价值、艺术价值，还有很高的科学价值，是研究历史科学的实物例证，也是新建筑设计和新艺术创作的重要借鉴，许多古建筑、园林等都是文化旅游的重要场所。合理保护古建筑，是一件功在当代、利在千秋的事。

2. BIM 与古建筑保护

　　建筑和空间本身的信息记录管理方法随着计算机软件的发展日新月异，不仅能够通过软件实现三维建模，对模型本身附加更多的信息（诸如材质、色彩、年代等），还可以通过软件更加动态地记录更多构件本身动态和差异化的信息。目前 BIM 技术已经成熟应用在建筑设计和建筑管理等领域，因此将 BIM 技术运用在古建筑保护和修复上有技术上的优势。

　　BIM 着眼于全局的特点，决定了基于 BIM 的古建筑信息化保护方案是以古建筑信息模型中的信息为前提，然后分析古建筑全生命期的信息，确定古建筑模型的属性信息，再逐步展开古建筑信息化保护工作，如图 1-17 所示。

　　古建筑保护的最主要目的就是最大限度地延长古建筑的存在时间。古建筑信息化保护的实现离不开以下几个关键点的支撑。

　　（1）建立信息化模型。实现古建筑信息化保护，创建信息模型是基础。这要求分析古建筑保护工作中的信息内容、古建筑全生命期涉及的信息，对信息格式、信息编码等进行规范化、标准化等，将种类繁多的古建筑信息提取出来并储存到模型中，最终建立的信息模型满足所有参与方的需求。

　　（2）协同管理平台。协同管理平台需要以信息模型为基础，但为确保各参与方能在前期参与到古建筑保护工作中，必须加强各参与方的互动交流，加强参与方在不同工作阶段的衔接、协调资源利用等，协同平台要保证信息的有效传递与信息交流的实时性。

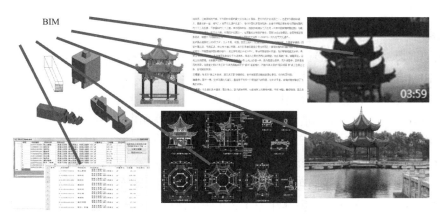

图 1-17　BIM 实现古建筑保护协同管理

为实现 BIM 技术对模型与信息的整合，实现古建筑现实与信息的融合，信息模型可作为信息的载体，解决古建筑保护信息储存的问题；对于古建筑信息模型的管理，可利用图形数据库的对信息进行管理；古建筑信息的共享可借助信息平台，通过服务器高效、便捷地满足客户端对古建筑数据库中信息的需求；古建筑保护过程中的详细信息保存在文档中，用户需要查阅具体保护信息时，能方便地浏览。基于 BIM 思想建立的古建筑信息保护解决方案如图 1-18 所示。

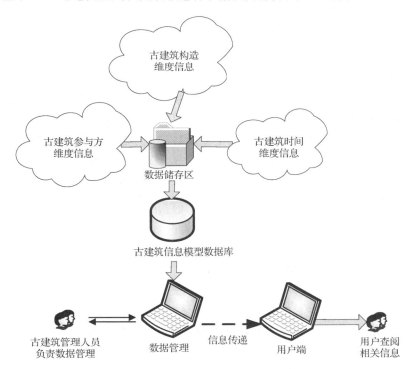

图 1-18　基于 BIM 的古建筑信息保护方案

借助 BIM 技术，将实现古建筑保护的信息化、系统化、协同化，对古建筑的保护起到积极的促进作用。

思考与练习

1. 单选题

（1）依据美国国家 BIM 标准（NBIMS），以下关于 BIM 的说法，正确的是_____。

    A. BIM 是一个建筑模型物理和功能特性的数字表达

    B. BIM 是一个设施（建设项目）物理和功能特性的数字表达

    C. BIM 包含相关设施的信息，是一个建筑模型物理和功能特性的数字表达

    D. 在项目的不同阶段，不同利益相关方通过在 BIM 中插入、提取信息，但是不能修改信息

（2）以下不属于 BIM 基本特征的是_____。

    A. 可视化   B. 可分析性   C. 可出图性   D. 优化性

（3）2015 年 11 月 14 日中华人民共和国住房和城乡建设部出台《建筑产业现代化发展纲要》，计划_____。

    A. 到 2025 年装配式建筑占新建建筑的比例 20%以上

    B. 到 2025 年装配式建筑占新建建筑的比例 30%以上

    C. 到 2025 年装配式建筑占新建建筑的比例 40%以上

    D. 到 2025 年装配式建筑占新建建筑的比例 50%以上

2. 多选题

（1）BIM 的 5D 模型是指_____。

    A. 长、宽、高   B. 场地   C. 时间

    D. 运维   E. 成本

（2）简单的说云计算是一种服务，云计算的服务形式包括_____。

    A. IaaS（基础设施即服务）   B. PaaS（平台即服务）

    C. CaaS（合作即服务）   D. SaaS（软件即服务）

（3）2014 年 4 月 15 日，住建部颁布新的绿色建筑标准中绿色建筑评价体系包括_____。

    A. 节地与室外环境、节能与能源利用   B. 节水与水资源利用、节材与材料资源利用

    C. 施工管理   D. 室内环境质量和运行管理

    E. 运维管理

3. 问答题

（1）BIM 是由谁最早提出的，BIM 的英文全称是什么？BIM 全生命期一般包括哪些阶段？

（2）3D 模型是 BIM 吗？其与 BIM 模型有何异同？

（3）建筑信息模型的基本特征有哪些？

（4）BIM 信息的载体是什么？4D 模型、5D 模型是指什么？

（5）BIM 在设计阶段的主要应用包括哪些？在施工阶段的主要应用包括哪些？与传统方式相比，BIM 在设计、施工阶段的优势是什么？

（6）与 BIM 技术相关的技术有哪些？简述 BIM 与绿色建筑和智慧建筑之间的关系。

（7）什么是云计算、云平台，与 BIM 技术的关系是什么？

（8）GIS 是什么，GIS 与 BIM 之间的关系是什么？

（9）简述如何利用 BIM 技术实现对古建筑的保护。

02 第2章 BIM在建设工程中的应用

    BIM 技术应用从建设项目的规划、设计、施工、运维到拆除等，贯穿于建设项目的全生命期。它是以 BIM 服务器为基础，以建模为输入，以协同为方向，实现项目各阶段、不同专业、不同软件产品之间的数据交换、集成与共享，实现了建设项目信息的 3D 表达，可以帮助设计方、施工方和业主方直观、有效地理解建设项目设计情况，检查设计空间冲突，辅助进行工料分析、结构分析、光照分析等，并可用于项目后期维护管理，为实现建设项目最终目标做有力支撑。

    本章按照建设全生命期进程这条主线，从 BIM 技术在初步设计、深化设计、施工管理到物业管理 4 个阶段的应用展开阐述。

2.1 初步设计

一个开发项目拟定投资项目或确定投资方向后，综合评定项目，判断项目生命力，研究和初步评价建设规模、产品方案、建设地点、主要技术工艺、工程项目的经济效益和社会效益等并论证可行性；深入研究市场、生产纲领、工艺、设备、建设周期、总投资额等问题。下面从方案比选、场地分析、费用预估、建筑性能模拟分析、模型创建等方面介绍 BIM 在初步设计阶段的应用。

2.1.1 方案比选

设计方案比选的主要目的是选出最佳的设计方案，为初步设计阶段提供对应的设计方案模型。基于 BIM 技术的方案设计是利用 BIM 软件建立建筑体量模型，根据建筑造型、楼层高度、层高、楼层面积、周长、外表面积以及体积局部调整方式，形成多个备选的建筑设计方案模型并进行分析。比如，对于造型规整的建筑外形，可直接利用 Revit 或 Sketchup 进行建模分析，对于造型复杂的曲面建筑，可利用 Rhino3D 软件结合 Grasshopper for Rhino5（犀牛参数化插件）创建模型并导入 Revit 中分析不同方案（图 2-1），使建筑项目方案的沟通、讨论、决策在可视化的三维场景下进行，实现项目设计方案决策的直观和高效，然后进行比选。

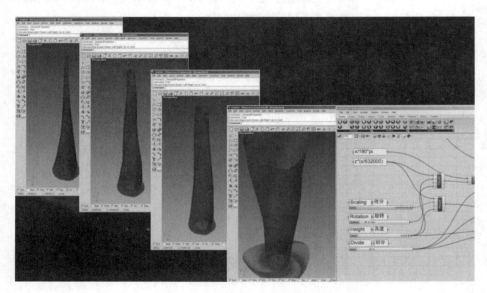

图 2-1　基于 BIM 的方案比选

比选分析需要建立在前期基本设计图纸或设计模型的基础之上，通过方案比选最终形成体现建筑项目的三维透视图、轴测图、剖切图等图片，平面图、立面图、剖面图等二维图形，以及方案比选的对比说明和各种方案模型（图 2-2）。

2.1.2 场地分析

场地分析是研究影响建筑物定位的主要手段，是确定建筑物的空间方位和外观、建立建筑物与周围景观联系的过程。在工程的规划阶段，场地的地貌、植被、气候条件都是影响设计决策的重要因素，往往需要通过场地分析来评价及分析景观规划、环境现状、施工配套及建成后交通流量等。BIM 技术结合地理信息系统（Geographic Information System，GIS），对现场及拟建的建筑物空间数据进行建模分析，结合场地使用条件和特点，做出最理想的现场规划和交通流线组织关系。利用计算机可分析出不同坡度的分布及场地坡向，建设地域发生自然灾害的可能性，进而区分适宜建设与不适宜建设区域，对前期场地设计能起到至关重要的作用。

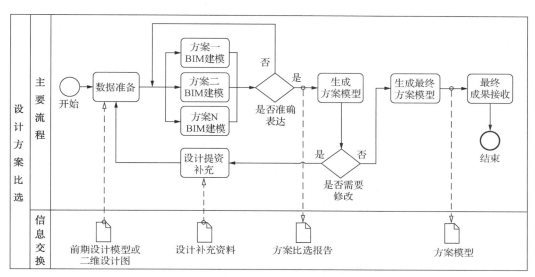

图 2-2　方案比选实施流程

场地分析与 GIS 系统结合，快速调用场地周边城市环境信息，提供可视化的模拟分析数据，如坡度、方向、高程、纵横断面、填挖方、等高线等，以作为评估设计方案选项的依据进而协助设计团队理解规划意图。根据生成的三维地形基础数据分析场地环境；根据场地分析结果（场地模型和场地分析报告），评估场地设计方案及工程设计方案的可行性，判断是否需要调整设计方案，再加上设计理念，最终生成最适于场地环境的建筑形体（图 2-3（a）和（b）所示分别为场地模型和施工现场示意图）。

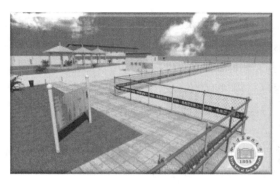

（a）场地模型　　　　　　　　　　　　　　　　（b）施工现场

图 2-3　基于 BIM 的场地分析

2.1.3 费用预估

在建设初期，成本往往很难精确控制，经常出现项目可行性研究中的投资状况分析与实际投资差得很远的情况，其主要原因是初版方案与最终设计结果往往出入较大，不可预见因素以及后期设计变更等，使得资金计划形同虚设，造成项目在开发初期占用资金较多，且风险较大。建设项目早期方案的设计软件，如 Revit、Onuma planning system 等，不仅能把建设方的设计任务制作成几何形体的建筑方案，以达到和甲方顺利沟通论证方案的目的，还能通过 BIM 在建筑模型中的构件信息，分析材料工程量和造价，较早地弄清项目详细投资状况，如图 2-4 所示。目前国内的造价管理软件，如广联达、鲁班等，与 BIM 信息相互传递，将 BIM 模型中的信息疏理出来统计工程量以及分析造价，从而在项目前期管理造价、招投标。鲁班对以项目或业主为中心的，基于 BIM 的造价管理解决方案应用给出了整体的框架，提高预算效率，对工程建设整体价值的评估更加准确。

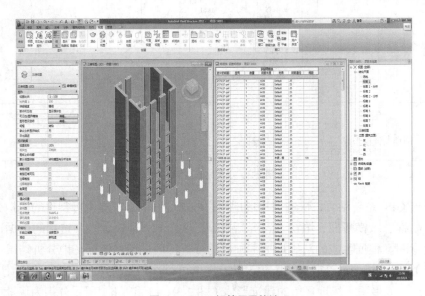

图 2-4 Revit 钢筋用量统计

BIM 建筑信息模型技术的开发与应用，尤其是 BIM 技术在工程造价管理中的应用，为建筑工程造价管理与控制提供了新的方式。应用 BIM 技术可实现现场成本的动态控制，随着工程进度，将现场的实际消耗量和定额消耗量相互对比，及时调整。用动态的方式以各单位工程量单价为主要数据控制实际成本。传统工程造价管理存在造价过程彼此孤立、造价数据无法及时确认等问题，通过 BIM 理念的引入和 BIM 技术的应用，以上问题都将得到有效解决，并推动工程造价控制水平整体的提高。以 BIM 技术作为构建造价信息库的可持续的各种实时信息数据，成为实现造价信息库正常运作的核心。

它主要是通过 BIM 造价管理软件利用 BIM 模型提供的信息进行工程量统计和造价分析。BIM 造价管理软件可根据工程施工计划动态提供造价管理需要的数据，即 BIM 技术的 5D 应用。国外 BIM 造价管理软件有 Innovaya 和 Solibri 等，广联达（见图 2-5）、鲁班（见图 2-6）、斯维尔等则是国内 BIM 造价管理软件的代表。根据以上对建立造价信息库的分析，可以利用相关的建筑工程软件搭建造价信息库，以达到对整个建筑过程的造价管理和成本控制。

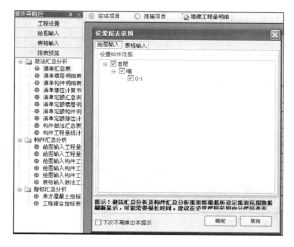

图 2-5　广联达算量软件

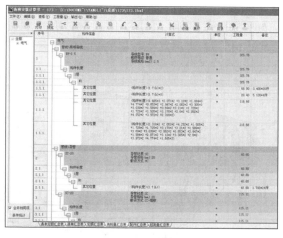

图 2-6　鲁班算量软件

2.1.4　建筑性能模拟分析

建筑性能模拟分析主要是利用相关专业的性能分析软件，建立三维建筑信息模型，对建筑物的可视度、采光、通风、人员疏散、结构、节能排放等进行模拟分析，根据分析模型及分析报告形成分析结果，多次调整设计方案综合评估，最终选择能够最大化提高建筑物性能的方案。

1. 采光分析

在国家倡导节能减排的大环境下，绿色建筑越来越受到人们的重视。室内采光效果是评价绿色建筑性能的重要方面，它以室内采光系数和采光照度作为主要指标。所谓照度，就是工作平面中单位面积上通过的光通量，虽然其并不能直接反映出人眼感受到的光通量，但由于具有测量方便和不依赖于视角等优点，大部分标注中都将照度作为光环境模拟的基本评价指标。照度与房间和窗户的几何形状、室内表面的反射率、玻璃的种类以及室外遮挡情况有关。采光系数是室内目标点上的照度与全阴天下室外水平面照度的比值，表征了在全年中最不利的天气条件下的采光情况。

首先通过 BIM 建模软件创建建筑模型（见图 2-7）并导出为 gbXML 模型文件格式，再导入 Ecotect 软件中，利用 Ecotect 软件模拟计算典型层主要部位的自然采光水平，根据《建筑采光设计标准》（GB/T50033）规定，民用建筑参考平面取距地面 0.8 m 的水平面作为参考评价工作面，以室内采光系数和采光照度作为主要指标，评价典型层的采光水平。目前，基于 BIM 的建筑采光分析还是着眼于简化建模的工作，材质、光源以及照明控制等内容，一般是在 Ecotect 中单独设置的。

根据《绿色建筑评价标准——GB 50378》进行模拟，将模拟平面高度定为地板高度+800，临界照度参考中国光气候分区图选择合适的照度，勾选 Increased accuracy mode（增强精度模式），由于《绿色建筑评价标准——GB50378》要求"采光系数大于 2%的面积，要占到总面积的 75%以上"，所以设置最小值为 2，单击回车键可得到模拟采光系数值，如图 2-8 所示。

2. 日照分析

太阳在天空中的位置是因时因地变化的，所以，正确掌握太阳相对运动的规律，是处理建筑环境问题的基础。在方案制作阶段就分析日照是为了采取必要的建筑措施以争取和避免日照，以改善人们生活、工作的环境。

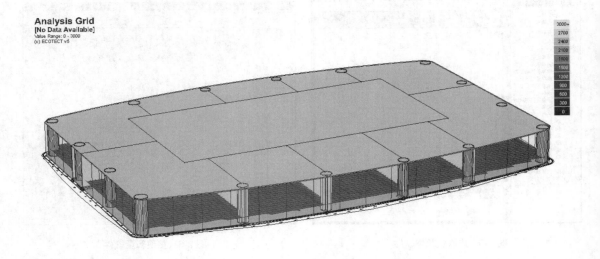

图 2-7　建筑模型

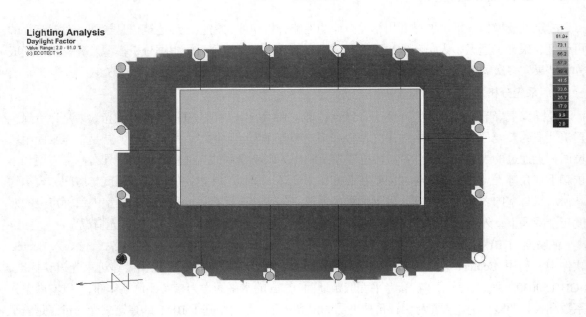

图 2-8　采光分析结果

　　现阶段日照分析的精细化计算涉及建筑户型、楼宇的地域位置、日照时间要求等多种客观因素，主要是通过在冬至日（或大寒日）计算日照间距与日照时间来进行分析，以此验算出建筑的楼间距是否满足使用要求。日照间距是指前后两排南向房屋之间，为保证后排房屋在冬至日（或大寒日）底层获得不低于两小时的满窗日照（日照）而保持的最小间隔距离 L，如图 2-9 所示。

　　将 BIM 模型导入 Ecotect Analysis 中，可以在地理气候数据文件面板中选择当地的气象数据，若本地文件中未带有当地气象数据，则可在相关网站上下载相应格式文件。单击模型设置按钮，弹出模型设置对话框，进入 Date/Time/Location（日期/时间/地点）面板，设置地理信息。接下来进行区域建模（对本建筑日照产生影响的建筑），完成参数设置后进行模拟计算。计算结果如图 2-10 所示，分析图中颜色越冷，说明日照时间越短，颜色越暖，说明日照时间越长，右上方的比例尺显示的是时间，单位为小时。

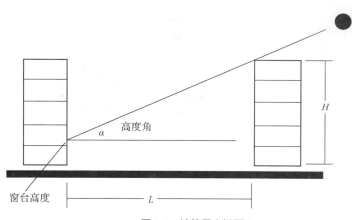

图 2-9　计算最小间隔 L

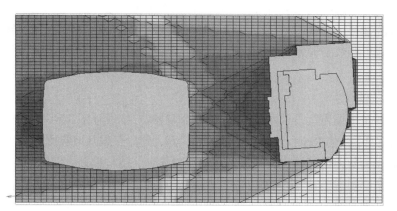

图 2-10　日照分析结果

3. 外部风环境

还可以利用 Phoenics 软件来分析建筑风环境，并模拟三维稳态或非稳态的可压缩流或不可压缩流，包括非牛顿流、多孔介质中的流动等，还可以参考因黏度、密度、温度等因素的变化而引起的变化，从而判断建筑群规划在不同季节的通风散热性，以及是否会形成风带通道及风的流动性等。通过基于 BIM 模型的量化分析，改善住区建筑周边人行区域的舒适度，通过调整规划方案建筑布局、景观绿化布置，改善住区流场分布，减小涡流和滞风现象，提高住区环境质量；分析在大风情况下，哪些区域可能因狭管效应存在安全隐患等，更好地辅助规划设计部门优化方案（图 2-11 所示为风环境分析结果图）。

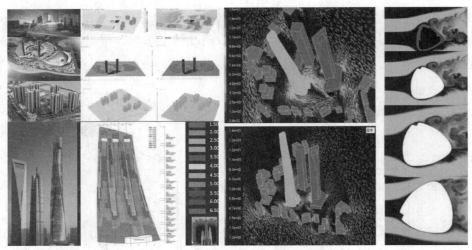

图 2-11　风环境分析结果

4. 热岛效应分析

热岛效应是指由于人为原因,改变了城市地表的局部温度、湿度、空气对流等因素,进而引起的城市小气候变化的现象。该现象属于城市气候最明显的特征之一。由于城市建筑群密集、柏油路和水泥路面比郊区的土壤、植被具有更大的吸热率和更小的比热容,使得城市地区升温较快,并向四周和大气中大量辐射,造成了同一时间城区气温普遍高于周围郊区的气温,高温的城区处于低温的郊区包围之中,如同汪洋大海中的岛屿,人们把这种现象称为城市热岛效应。

通过 BIM 技术模拟分析建筑模型热环境的热岛效应,再采用合理优化建筑单体设计、群体布局和加强绿化等方式可有效削弱热岛效应。

2.1.5　模型创建

模型创建主要是根据方案设计阶段的建筑结构模型或二维设计图,利用建筑、结构、机电相关专业 BIM 软件(如主流的 Revit、Archicad、Tekla 等),建立三维几何实体模型,进一步细化建筑、结构专业在方案设计阶段的三维模型,最后达到完善建筑、结构设计方案的目标,为设计施工图提供设计模型和依据,如图 2-12 所示。

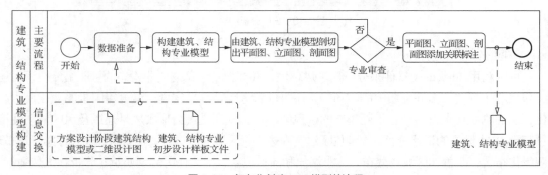

图 2-12　各专业创建 BIM 模型的流程

在方案选择及初步设计阶段,BIM 还可以用于模拟人员疏散、选择应急方案、评价室内舒适度、分析建筑能耗等方面，限于篇幅，本节不再展开介绍，读者可自行查阅相关资料。

2.2　深化设计

2.2.1　管线综合深化设计与分析

管线综合主要是基于各专业已经创建的 BIM 模型，根据设定的冲突检测及管线综合优化的基本原则，应用 BIM 软件等手段检查施工图设计阶段的碰撞，根据分析形成的优化报告，完成建筑项目设计图纸范围内各种管线布设与建筑、结构平面布置和竖向高程相协调的三维协同设计工作，以避免空间冲突及碰撞，避免设计错误传递到施工阶段（实施流程图见图 2-13，优化前后对比图见图 2-14、图 2-15）。

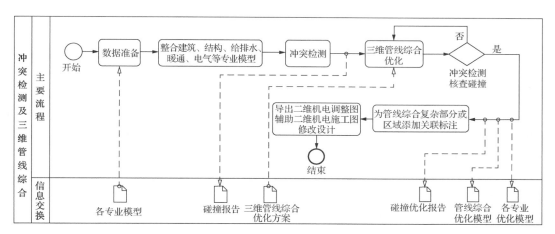

图 2-13　基于 BIM 的管线综合实施流程

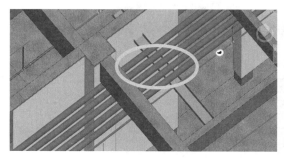

图 2-14　优化前的管线分布图

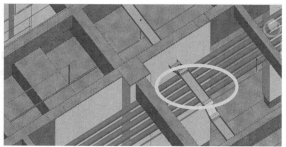

图 2-15　优化后的管线分布图

2.2.2　土建结构深化设计与分析

土建结构深化主要是 BIM 技术工程师利用 BIM 信息化手段结合自身专业经验或与施工技术人员配合，对建筑信息模型的合理性、可行性进行甄别，并进行相应的调整优化，然后对优化后的模型实施冲突检测，最后得出深化后的施工图及节点详图，合理清晰地指导施工。

BIM 技术在现浇混凝土结构中的二次结构设计、预留孔洞设计、节点设计（包括梁柱节点钢筋排布、型钢混凝土构件节点设计）、预埋件设计等工作中的应用较为成熟。

　　BIM 技术在现浇混凝土结构深化设计应用中，可基于施工图设计模型和施工图创建土建深化设计模型，完成二次结构设计、预留孔洞设计、节点设计和预埋件设计等设计任务，输出工程量清单和深化设计图等。现浇混凝土结构土建深化设计模型除应包括施工图设计模型元素外，还应包括二次结构、预埋件和预留孔洞、节点等类型的模型元素，其内容应符合表 2-1 中的规定。

表 2-1　现浇混凝土结构土建深化设计模型元素及信息

模型元素类型	模型元素及信息
施工图设计模型包括的元素类型	施工图设计模型元素及信息
二次结构	构造柱、过梁、止水反梁、女儿墙、压顶、填充墙和隔墙等。几何信息应包括：准确的位置和几何尺寸，非几何信息应包括：类型、材料和工程量等信息
预埋件及预留孔洞	预埋件、预埋管、预埋螺栓等，以及预留孔洞，几何信息应包括：准确的位置和几何尺寸。非几何信息应包括：类型和材料等信息
节点	构成节点的钢筋、混凝土，以及型钢、预埋件等。节点的几何信息应包括：准确的位置、几何尺寸及排布，非几何信息应包括：节点编号、节点区材料信息、钢筋信息（等级、规格等）、型钢信息和节点区预埋信息等

2.2.3　钢结构深化设计与分析

　　钢结构工程具有结构复杂、构件截面形式多样和节点构造复杂等特点（图 2-16），钢结构施工详图设计难度高。目前主要采用 Tekla 软件设计钢结构的详图，包括搭建构件、设计和开发节点、绘制图纸等内容。Tekla 具有三维实体建模、自动生成图纸、自动统计料表及自动生成数控文件等诸多优点。Tekla 作为目前最具影响力的基于 BIM 技术的钢结构深化设计软件，可使用 BIM 核心建模软件提交的数据，对钢结构进行面向加工、安装的详细设计，即生成钢结构施工图（加工图、深化图、详图）、材料表、数控机床加工代码等。

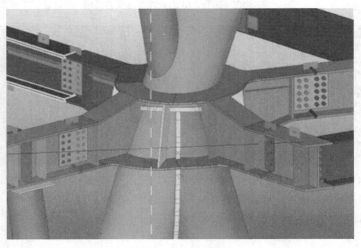

图 2-16　钢结构节点模型

2.2.4　玻璃幕墙深化设计与分析

　　在幕墙设计方面，利用 BIM 技术中强大的参数化建模功能，幕墙设计师可以精确控制幕墙构件尺寸、空间定位，其至材质属性、工程量等核心工程信息，为项目的信息化管理提供重要数据基础。在保证 BIM 模型精度足够的前提下，BIM 幕墙模型可直接指导或用于幕墙构件的加工制造，确保幕墙工程在整个垂直建造流程（原材料采购—深化加工—现场施工等多个流程）中准确无误地传递信息。

Revit 软件自带较为简单的幕墙建模系统族，也可以自己定制需要的内建族，但灵活性和精细程度往往无法满足幕墙工程图纸的表达需要。利用 Catia、Digtial Project 等典型的 BIM 建模软件，再结合 Autodesk CAD 等二维制图软件，可实现基于 BIM 的幕墙工程施工深化设计和应用（图 2-17），还可以有效地传递幕墙生产加工阶段模型信息。

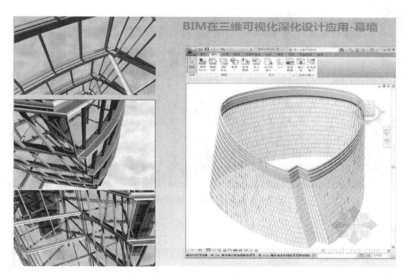

图 2-17　幕墙深化设计

2.3　施工管理

从工程项目组织角度来说，业务流程包括很多内容，如信息流程和组织流程等。BIM 的应用引起的信息流程（产生、消费）的变化，导致工程项目管理流程的变化。比如在施工图中应用 BIM，导致信息产生、消费的方式发生了变化，由原来的建筑、结构和机电各个工种的单线信息交换方式，变成可以实时交换信息的工作方式。这种信息流程的变化，直接引起了业务流程的变化，由割裂的独立的串联式流程，变成了统一的整体协作式流程。

2.3.1　虚拟施工管理

虚拟施工管理是指施工管理人员根据模拟的施工现场具体解决施工组织设计和现场关系的管理。将虚拟施工管理应用于建筑工程领域，可以在不消耗现实资源和能量的前提下，利用计算机技术对建筑施工实际过程进行三维模拟分析，加强了对施工过程的事前控制和动态管理，从而改进和优化施工方案，提升建筑行业的整体效益，加快我国建筑领域的发展。

1. 场地布置

施工场地平面布置应随施工进度呈动态变化，传统的二维平面布置无法满足动态布置的要求，

BIM 技术的应用使场地布置动态化管理得以实现。常用的场地布置软件有 3ds Max、草图大师、Revit、PKPM 三维现场施工平面图设计软件和广联达施工现场布置软件等。运用三维场布软件对场布方案进行三维可视化模拟，包括物料的堆放、设置货车搬运路径以及模拟塔吊吊装范围，可以解决因场地狭小造成的物料堆放问题，规划货车运输线路，模拟塔吊位置及运转范围，按照最佳路线铺设道路，减少人工搬运材料距离，模拟物料吊装，有利于开展绿色施工。图 2-18 是运用 Civil3D 软件确定的场地布置方案。

图 2-18　基于 BIM 的场地布置方案

2. 演示复杂工序

以钢结构施工为例，可运用 Solidworks 三维建模软件，创建完整的钢结构数字化三维立体模型数据库和虚拟吊装设备库，在钢结构建筑工程的结构设计图纸设计出来后，钢构件还未制作和安装之前，建立该工程全部钢构件的数字化三维立体模型，运用 Solidworks 仿真模块在计算机上对钢结构进行安装仿真模拟，演示重要施工过程预（见图 2-19），实现各种钢构件装配、吊装的多种模拟试验和优化工作，通过施工前大量的虚拟装配及吊装试验和优化，将钢结构制作和施工安装过程可能出现的各种问题充分暴露出来，及时将问题信息反馈给设计院，并通过优化设计，改进钢结构制作和安装施工方案加以解决，在施工前形成钢结构立体化施工安装方案，从而为后续钢构件的制作和安装工作铺平道路，减少因设计盲点及其他因素导致工程返工而造成的不必要的经济损失，从而保证施工质量，缩短施工工期，提高施工效率。

图 2-19　专用夹具 大板安装工序展示

3. 关键工艺展示

以某钢结构工程为例，梁柱连接节点是钢结构中最关键的部位，特别是框架的梁柱连接节点，直接影响建筑的安全性。图 2-20 所示为直通横隔板式梁柱刚接节点的 BIM 模型，它是将矩（方）型钢管混凝土柱通过横隔板与 H 型钢梁翼缘采用坡口熔透对接焊缝连接，再与梁腹板采用连接板通过高强度螺栓连接，相对于原有的内隔板式连接节点，该节点避免了柱壁内外两侧施焊引起的塑性变形问题，柱壁不易发生层状撕裂，提高了节点的延性。然而如何准确无误地施工亦是节点性能正常发挥的关键一步，如图 2-21（a）所示，通过 Navisworks、Fuzor、Synchro 等 BIM 4D 模拟软件（参见第 4 章介绍），制作施工过程的虚拟展示，在关键部位贴二维码，通过扫码的方式展示施工工艺，这种简单直观的方式对于指导准确施工、高效施工有极大的帮助。如图 2-21（b）所示，直接用手机端、Pad 端展示的方式也较为成熟。

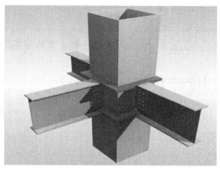

图 2-20　直通横隔板式梁柱刚接节点 BIM 模型

（a）关键部位贴二维码　　　　　　　　（b）手机端、Pad 端展示

图 2-21　施工工艺多种展示方式

4. 施工方案模拟

施工方案模拟是根据编制的施工方案文件和资料（如工程项目设计施工图纸、工程项目的施工进度和要求、可调配的施工资源概况、施工现场的自然条件和技术经济资料等）对施工作业模型附加建造过程、施工顺序等信息，进行施工过程的可视化模拟，并充分利用建筑信息模型分析和优化方案，提高方案审核的准确性，实现施工方案的可视化交底。对于局部复杂的施工区域，还可以模拟 BIM 重点难点施工方案。基于 BIM 的施工方案模拟实施流程如图 2-22 所示。

经过以上步骤，模拟建筑模型的施工过程。虚拟施工技术在不耗费现实资源和能量的基础上，仿真虚拟化过程，优选出最佳施工方案，可有效提高工程施工效率。

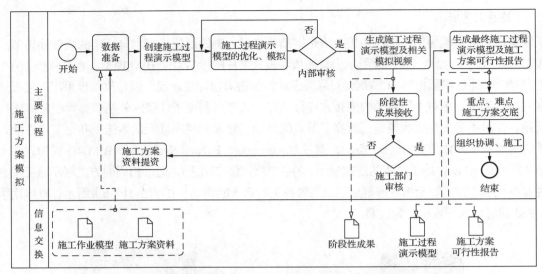

图 2-22　基于 BIM 技术的施工方案模拟实施流程

2.3.2　施工进度管理

基于 BIM 技术的施工进度管理主要是通过比对施工方案计划进度和实际进度，找出其中的差异，分析原因，调整进度偏差以及更新目标计划，以达到多方平衡，实现进度管理，并生成施工进度控制报告，合理控制与优化项目进度。

1. 施工计划与变更

大型建设项目的特点就是许多不同的参建单位要在有限的施工场地上开展大量不同的工作，这就必然会导致各个参建单位的工作冲突，例如，人员进场顺序、机械设备移动、周转材料的存放等问题。如果没有精心制定的计划，将导致大量的冲突和时间浪费。BIM 技术下的进度计划编制就是以业主为主导，由项目管理单位、监理单位、设计单位、总包单位、分包单位以及供货单位共同组成建设项目 BIM 计划团队，以前期运用地理信息系统技术分析施工场地周围环境为基础，运用虚拟设计与施工（VDC）技术在建设项目建筑信息模型搭建的过程中就将进度计划考虑在内，由总包单位、分包单位、供货单位根据自身能够达到的要求，在 BIM 模型搭建现场进行实时沟通交流，尽量避免现场施工可能出现的问题，从而制定出合理可行的进度计划。然后可以在建设项目施工场地运用增强现实（AR）及虚拟现实（VR）等新技术手段，发现存在的问题并提前解决，按照最优进度模型来指导具体的施工过程。基于 BIM 进度计划编制方法及实施过程如图 2-23 所示。

基于 BIM 技术的大型建设项目进度计划编制过程是通过计算机平台反复模拟进度计划，加入事前对可能发生问题的预判，制定预案，完善整个进度计划，更加高效、简洁地指导现场施工。其主要优点如下。

（1）完整的建筑信息模型。由于 BIM 模型本身就包含由业主、项目管理单位、监理单位、总包单位、分包单位和供货单位提供的与建设项目有关的所有基本信息，从设计阶段开始，各个参与单位、各个专业工程师就能够协同合作，互通有无，了解项目建设的目标，从资金、人员、机械和材料各个方面保证建设项目能够按照预先制定的进度计划进行。综合了建设项目设计阶段能够掌握的全部资料，经过多方参与讨论通过，使建设项目的现场施工过程做到真正的按图施工。

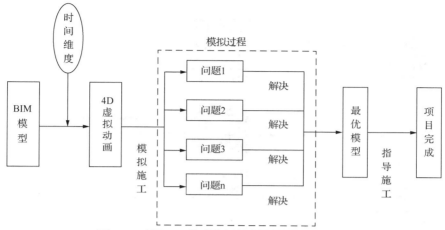

图 2-23　基于 BIM 技术进度计划编制方法及实施过程

（2）高度协同的项目管理组织。随着建设项目越来越复杂，要想充分利用最新的技术手段更好地实现建设方的利益，就要高效地协同各个专业性很强的工程师。BIM 模型提供了协同工作的平台，有现场施工经验的工程师能够在这个平台上发现进度计划存在的问题，通过有效的沟通，使其他专业工程师调整自己的施工过程，从而避免了在施工现场工程师之间的冲突，使各个参与单位、各个专业工程师真正形成一个项目 BIM 计划团队。

（3）可视化的进度计划表达方式。通过虚拟设计与施工技术和增强现实技术，项目 BIM 计划团队能够用类似看电影的方式向项目管理层、具体建设项目施工层或者参观者从各个角度展现建设项目要实现的目标，使不同教育层次的建设项目参与者能以更加简单易懂的方式了解互相要表达的意图，使现场施工人员能够很好地掌握和了解进度计划，最大限度地减少由于施工方法不当而造成的进度滞后。

2. 现场管理

BIM 和 AR 技术可以形象化地储存和检索相关信息，进而显著提高现场检查工作的效率。工人可以预先检查已完工程的结果，以便他们主动消除缺陷和错误，管理人员和监理人员在检查已完工程时，也能够很容易地发现缺陷和错误。基于 BIM 的现场检查流程如图 2-24 所示。

具体的检查流程如下。

（1）管理人员利用 BIM 模型审查后期检查时需要用到的信息，包括几何信息、材料、进度、成本和安全信息，然后将 BIM 模型转化成后期 AR 检查时可以调用的模型文件并保存。

（2）制作各模型文件对应的 AR 标识并按位置分类，通过 ARToolKit 程序将标识与模型文件按对应关系匹配成功。

（3）管理人员向其他人员说清楚标识和相应实体构件的位置。

（4）针对已完工程，工人可以在指定的位置放置相应的标识，利用 AR 程序将 BIM 模型叠加在实体构件上，对比 BIM 模型和实体构件，便可以很快识别出缺陷和错误。

（5）管理人员可以要求工人对检查对比的结果进行截图。

（6）将截图发送给管理人员和监理人员，利用这些图片，相关人员可以不用去施工现场，在办公室就能检查出缺陷和错误。

（7）一旦发现问题，可立即要求工人停止相关工作，并发送返工指令，待返工完成后，重复以上检查流程。

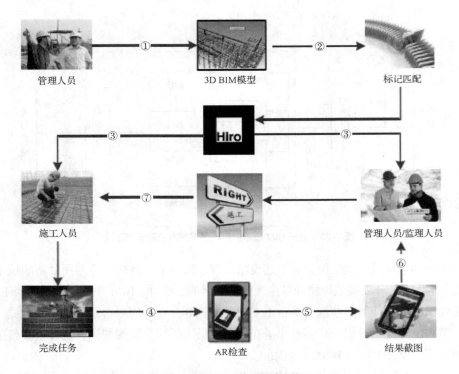

图 2-24 基于 BIM 的现场检查流程

3. 物料管理

5D 模型带有资源消耗量的信息，因此在计算工程量的同时，软件还可以统计出相应模型的资源消耗量，并按照楼层、时间段统计，形成物资需求计划，为之后的提量计划、月备料计划、总物资计划提供依据。在广联达 BIM 5D 中，可以动态查询到任意时间节点下的资源用量（包括预算资源量和模型资源量）。其中预算资源量为模型构件按定额分解后所得的人、材与机械工日（台班），可自定义选择要显示的资源用量。图 2-25 为 2012 年 11 月～2013 年 3 月，人工、钢筋与混凝土 3 种资源用量曲线图。

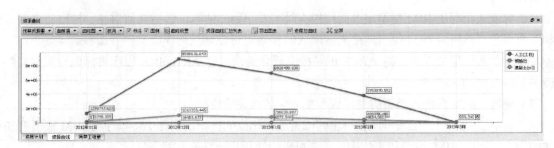

图 2-25 资源用量曲线图

模型资源量为模型未套取定额，直接与进度计划软件相关联的构件，得到的模型混凝土与钢筋资源量，其工程量与钢筋或土建建模软件中提取的工程量相等。图 2-26 为 2012 年 11 月～2013 年 3 月所消耗的钢筋与混凝土的用量情况，通过该图可直观地看到在 2012 年 12 月，钢筋与混凝土的用量达到高峰，施工管理部门需提前做好资源管理工作。

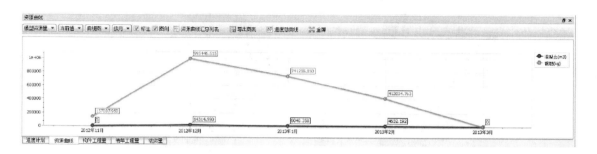

图 2-26　模型资源量查询及分析

　　施工企业通过绘制的资源曲线，可直观地看出资源每月、每周甚至每日的用量情况，预先根据材料用量分布情况，合理安排各类资源的进场等工作，提前避免由于资源供应不足等问题导致的进度滞后。同时可以将具体的资源用量值导出到 Excel 中，如图 2-27 所示。材料采购人员可在此基础上编制材料采购计划。

	编码	类别	名称	规格型号	单位	工程量	单价	合价
1	□ 人工费							
2	00000…	人	综合工日		工日	396.181	60	23770.85
3	□ 材料费							
4	0500630	材	多孔砖	240×115…	千块	96.482	750	72361.79
5	0501410	材	普通粘土砖		千块	10.251	480	4920.6
6	25535…	材	水		m3	35.276	2.35	82.9
7	□ 8003060	现浇砂浆	水泥混合…	M5	m3	56.985	151.72	8645.75
8	000…	材	水泥	32.5	kg	8490.751	0.35	2971.76
9	050…	材	中砂		m3	68.382	68	4649.97
10	050…	材	生石灰		kg	3931.959	0.24	943.67
11	255…	材	水		m3	34.191	2.35	80.35
12	□ 机械费							
13	□ 8700240	机	灰浆搅拌机	200L	台班	9.648	95.36	920.06
14	000…	机	机械人工		工日	12.06	60	723.62
15	500…	机	电		kw·h	83.071	1.02	84.73
16	930…	机	经常修理费		元	28.269	1	28.27
17	930…	机	折旧费		元	23.445	1	23.45
18	930…	机	大修理费		元	7.043	1	7.04
19	930…	机	安拆费及…		元	52.872	1	52.87
20	JXFBC	机	机械费补差		元	0.096	1	0.1

图 2-27　清单资源量统计表

4. 工程变更管理

　　利用 BIM 技术，在项目施工的过程中，无论是因设计方案改变发生设计变更，还是施工出现问题导致返工，都可以利用 BIM 模型在第一时间调整变更的工程量，并将变更信息录入系统模型中，确保关联完整的信息资料，相关的工作人员可以利用模型快速、准确地搜索需要的信息，直接修改算量模型并导入 BIM 施工管理软件，软件变更三维显示，并给出变更前后的图形对比，如图 2-28 所示。

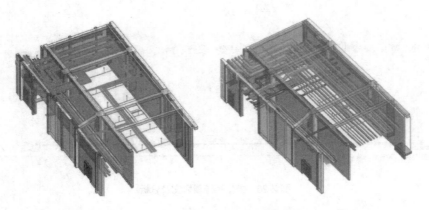

图 2-28　BIM 模型中的工程变更前后对比

　　根据 BIM 模型调整后的优化方案进行施工，可有效减少施工过程中发生变更的概率，如图 2-29 所示。

（a）BIM 优化方案图　　　　　　　　　　（b）优化后的实际施工图

图 2-29　BIM 方案优化与施工

5. 移动终端现场管理

　　二维码是一种能被人和计算机识别的快速反应码，其内容设置因使用特性的不同而有所区别。为了将二维码便捷地应用于项目过程中，尽量使二维码携带的字符信息简略。理论上一个二维码可容纳 1 817 个汉字或 4 296 个字母字符，但出于对实际使用过程中的缺损、纠错等方面的考虑，二维码的字符宜尽可能缩减；至于容错率，则尽可能考虑最高设置，这样就不会使二维码点阵过密，同时节约二维码空间进行重复排布以达到正确表述的目的。

　　根据二维码的信息构成，二维码可以分为以下几类。

　　（1）项目类基础信息二维码。由项目名称、项目编号、项目属性、地址、联系方式、所属单位、对应 BIM 模型代码等构成。

　　（2）设备类基础信息二维码。由所属项目、资产编号、设备属性及型号、生产厂家，出厂日期、对应 BIM 模型代码等构成。

　　（3）构筑物基础信息二维码。由所属项目、材料、规格、安装信息及 BIM 模型代码等构成。

（4）建筑物基础信息二维码。由所属项目、建筑物名称、楼层信息、施工单位以及 BIM 模型代码等构成。

（5）非实体二维码。由人员基本信息、作业时间、作业地点、工艺流程、系统描述以及 BIM 数据库非实体地址等方面构成。

二维码的简单信息中包含与 BIM 数据库的链接，这样在查看及登记过程中可对物体或事物进行基本描述，在项目实施过程中，如设备的安装错位等错误就很容易被及时发现，需要了解更多的扩展信息，则可以通过二维码登录 BIM 数据库详细查询。

BIM 模型作为二维码信息的承载者，有必要使设备信息、过程信息、管理信息等通过二维码识别并与 BIM 模型具有对应关系，即 BIM 模型不仅需要对可见设施进行建模，还需要对非可见流程进行虚拟建模。

（1）二维码与 BIM 实体模型的对应关系。BIM 模型制作完成后即需对所有设备、构件、建筑物等敷设详细的设计属性及管理属性，并同步生成二维码作为实体模型全生命期管理的唯一 ID。二维码具有人、机交互的显示方式，并可作为设备验收、运维、查档的入口。

（2）二维码与非实体模型的对应关系。建设过程中的工艺、进度、流程、成本等非实体模型与实体模型产生关系，但并不持续反映至项目竣工后的相关信息中，应留存在建设实施模型中归档。二维码管控这些过程信息，需根据发生作用的实体模型之间的接口进行链接。通过二维码采集现场实施信息来源，再通过 BIM 的过程管理软件实时对接，完成对建设管理的管控。

BIM 技术在源头上改变了二维图纸仅包含施工信息的不足之处，不仅利用三维可视化优化了设计本身，也提高了设计的质量及效率，降低了项目建设过程中不合理因素存在的风险。同时利用设计本身掌握的信息资源继续沿用至全生命期管理中，拉长了设计的产品链，为后期建设及管理提供了基础信息平台。BIM 技术的应用减少了在整个项目过程管理中重复整理及录入信息的工作，为整个项目的管理体系缩减了宝贵的人力资源，做到一项目、一模型、一数据库的高效综合信息管理模式。

然而真正实现现实中实体设备、具体环节的管理，仅靠 BIM 模型无法做到两者的关联，仍要通过人为输入的方式操作，使得 BIM 数据仍由各建设方自身监管，难以体现出实际情况。因此 BIM 目前的用途只停留在对设计合理性的考量上，无法深化至实际操作中。

整个项目的实施过程以二维码作为载体，驱动 BIM 模型的运动，项目监管方不仅能够观测到项目的实时动向。同时二维码一旦生成就具有传承性与唯一性，只要业主方对二维码进行管控，在项目实施中间环节中就无法改动，体现出了更为严谨的管控效能，不受人为的操控，且责任可追溯。在 BIM 引领项目建设朝着更高效、自动化程度更高的方向发展的背后，将技术经济融入 BIM 模型中，并根据对 BIM 模型的分析及计算，使 BIM 技术对项目的造价、成本控制日益显现，BIM 技术参与了项目全生命期管理的各个环节，使各中间环节透明化，让"阳光工程"的理念渗透在每一个项目、每一个设备、每一道环节中。

2.3.3　成本管理

1. BIM 数据库的创建

BIM 技术通过参数化模型可以整合项目全生命期中的所有信息，将利用 BIM 管理的工程保存下来，形成工程案例库（企业级 BIM 数据库），在新建项目中遇到成本决策问题时，可以根据相似度的计算，从案例库检索出相似工程案例，将其决策方案作为备选方案，然后从价值工程备选方案中选出价值最优方案，最后利用虚拟施工技术进一步优化方案，得到最终成本决策方案。基于此思路构建模型，施工企业将历史工程案例保存下来，形成工程案例库（企业级数据库，此时的模型已经包含了工程建设项目实施全生命期内的全部数据信息，以及项目实施过程中遇到的所有问题的解决方案，具有很高的参考价值。在新建工程施工过程中，遇到与成本相关的决策问题时，根据相似度检索出相似案例工程，然后将其问题的解决方案拟定为备选方案，实现成本决策方案"从无到有"。

2. 动态查询与统计预算工程量

目前我国在工程量的计量规则上并没有统一的标准，例如，对墙梁板柱的交叉接触部分的扣减计算方式，各省市都有自己的标准。在传统人工计算工程量时，精确计算并汇总工程量对造价人员而言是极其困难的工作。通过 BIM 技术，以参数化模型为基础，按照空间拓扑关系和计算规则，造价人员只需要在软件中更换相应的扣减计算规则，软件将自主完成扣减运算，并精确、完整地统计工程量信息。

使用 BIM 技术，与时间和成本相结合组成建筑信息模型，完成实时动态监控，能够合理安排资金、人员、材料和机械等计划，对工程量进行动态查询与统计。

3. 变更与索赔

在传统的成本控制中，发生设计变更或合同索赔时，造价计量人员首先需要在平面图纸上确认构件变更的位置，然后开始计算构件变更产生的周围相关构件的工程量的增减结果，计算变更过程时间长并且计算结果的可靠度低。使用 BIM 技术，工作人员可以直接在模型中调整变更构件，BIM 软件会自动计算汇总相关工程量，方便、快捷、合理、准确。

4. 多算比较

利用 BIM 模型可以轻松实现时间维和工序维的多算对比。将模型与时间维度相结合，赋予各个构件时间信息，将任意时间段内实际发生的成本和预算计划成本进行对比、分析，直观显示项目某个阶段是赚钱还是亏钱，以便及时采取控制措施；将模型与工序维度相结合，可以根据某个工序进行成本对比，便于及时发现成本超支的地方并处理问题，实现精细化成本管理。还可以将具有代表性工序的成本数据保留下来，并将其作为企业定额（成本定额）使用，为未来项目的成本控制提供依据。

在传统的计量模式中，只重视合同价和结算价，而在模型中，将参数信息赋予每个构件，通过组合不同构件的信息，为施工项目的多算比较提供数据支持。

2.3.4 绿色施工管理

一座建筑的全生命期包括前期的规划、设计，建筑原材料的获取，建筑材料的制造、运输和安装，建筑系统的建造、运行、维护，以及最后的拆除等全过程。因此要在建筑的全生命期内贯彻绿色理念，不仅要在规划设计阶段应用 BIM 技术，还要在施工管理、运维管理等方面深入应用 BIM，不断推进整体行业向绿色方向进行。

下面介绍以绿色施工为目的，以 BIM 技术为手段的施工阶段土方量计算、施工用地管理等绿色施工管理。

1. 土方量计算

计算土方量是求取在一定区域范围内设计标高与自然地面实测标高之间挖、填的土方体积。当前，土方量计算的软件和系统主要有两类：AutoCAD 系列和 GIS、遥感系列。BIM 技术提供的土方量计算方法建立在与实际地形完全吻合的 BIM 模型上，所以，先要绘制原始地形曲面模型和设计曲面模型，使这两个空间三维曲面会产生交点并连接成线，交线即原始地形曲面与施工设计曲面的交汇线，所包围的空间体积即为需要开挖或者填筑的土方量，进而生成体积曲面。

基于 BIM 技术的原始地形曲面和设计地形曲面是动态关联的，在方案选择阶段可在模型基础上快速进行土方的开挖和填筑实验，准确计算土方的开挖和填筑量，从而选出最佳土方开挖方案。这样计算土方量的方法严密科学，方便修改，弥补了水利工程中传统土方量算法的不足，提高了土方量计算的精度和效率，减少了由于土方量计算不准造成现场施工进度及施工部署的变化，在计算土方量的同时生成地形模型，为项目的方案决策奠定了基础。利用场地合并模型，在三维中直观查看场地挖填方情况，对比原始地形图与规划地形图得出各区块原始平均高程、设计高程和平均开挖高程，然后计算出各区块挖、填方量。

2. 施工用地管理

建筑施工是高度动态的过程。随着建筑工程规模的不断扩大，复杂程度的不断提高，施工项目管理也变得极为复杂。建设项目除了必需的永久用地之外，还有大量的临时用地。加强临时用地的管理，可以通过优化设计施工总平面图体现，即合理规划布置施工现场总的交通、材料储存仓库、材料加工棚、临时房屋、物料堆放位置、施工设备位置、临时水电管理和整个施工现场的排水系统等。施工用地、材料加工区、堆场也随着工程进度的变换而调整。BIM 的 4D 施工模拟技术可以在项目建造过程中合理定制施工计划、精确掌握施工进度，优化使用施工资源以及科学地布置场地。

在项目开工前，利用 BIM 技术专业软件布置三维施工现场，建立基础施工、主体结构施工、装修装饰施工等各个阶段的施工现场 Revit 三维模型。对大型起重吊装设备、垂直运输设备、新建建筑、现场办公区、生活区、材料码放区、生产操作区域等通过模型直观、合理地布局展示。创建符合企业的施工三维参数化模型，方便后续布置工程三维场地时调取使用，显著提升工程单位的标准化管理水平。通过三维场地模型可反映施工现场的布置情况，便于项目部员工虚拟体验施工场地部署，检验场地布置的合理性，并及时进行讨论、修改和优化，最终选择分析最佳方案。

BIM 在施工阶段的以上所有应用，主要依赖于 BIM 技术建立起的三维模型。三维模型提供了可视化的手段，为参加工程项目的各方展现了二维图纸不能给予的视觉效果和认知角度，这就为碰撞检查和 3D 协调提供了良好的基础。可以建立基于 BIM 的包含进度控制的 4D 施工模型，实现虚拟施工，还可以更进一步地建立基于 BIM 的包含成本控制的 5D 模型。这样可以有效控制施工的安排，减少返工，控制成本，为创造绿色施工等方面提供有利的支持。

2.4　物业管理

运营阶段是建筑全生命期中时间最长的阶段，基于 BIM 技术的运营管理将增加管理的直观性、空间性和集成度，能够有效帮助建设单位和物业单位管理建筑设施和资产（建筑实体、空间、周围环境和设备等），进而降低运营成本，提高用户满意度。由于运营阶段的 BIM 应用尚未成熟，本章仅介绍目前基本运营阶段的 BIM 应用，建设单位和物业单位可在本章的基础上对运营进行完善与扩充。本阶段的 BIM 应用主要包括运营系统建设、建筑设备运行管理、空间管理和资产管理等。其中，运营管理的 BIM 运用不同于设计和施工的 BIM 应用，管理对象为建成后的建筑项目，该建筑信息模型基本稳定。因此，本阶段 BIM 应用的主要任务是建立基于 BIM 技术的建筑运营管理系统和管理机制，以更科学合理地实施建筑项目的运营管理。

2.4.1 空间管理

在项目的施工阶段，相比于传统模式的空间管理，运用 BIM 技术将使现场管理更加有效，通过规划建筑信息模型中的场地，为预期的各料场、构件和设备创建相应 BIM 族，根据规划占地空间和占地位置在 BIM 模型中进行安放并分析改进，对空间的利用达到最优。

BIM 技术在运营阶段同样能产生巨大的价值。因为传统物业空间管理方式的管理手段、理念、工具比较单一，依靠大量的各种数据表格或表单来管理，缺乏效率与准确性。查询和检索所管理对象的方式、数据、参数、图纸等各种信息相互割裂，而在建筑信息模型中的管理直观而有效，数据存储于一个 BIM 模型的同时，还充分考虑了各个组分之间的相互关系，以减少冲突。

例如，根据企业或组织业务发展，设置空间租赁或购买等空间信息，积累空间管理的各类信息，便于预期评估，制定满足未来发展需求的空间规划；基于建筑信息模型对建筑空间进行合理分配，方便查看和统计各类空间信息，并动态记录分配信息，提高空间的利用率；对人流密集的区域，实施人流检测和疏散可视化管理，保证区域安全。

2.4.2 设备管理

设备的管理也可以归结为信息的管理，每次检测后更新信息，并进行分析监控，相比于传统的设备管理模式，BIM 集成的建筑信息数据"库"，更有助于建筑的设备维护管理，能够为保修服务的快速响应、降低运营维护成本提供数据支撑。原有计算机中存储的或纸质存储的设备信息集成在 BIM 模型中，将大大减少工作量。通过监控 BIM 软件和各种设备、连接开发管理软件和利用已经连接的设备管理软件，将 BIM 模型直接或间接应用到各管理系统中，也是设备管理的一种模式。

2.4.3 灾害模拟与管控

运用 BIM 技术还能够模拟制定在突发事件下的应急处理措施，如提供在地震或火灾等突发情况下的最佳逃生路线等。美国的一些安全事务部，对摩天大楼进行了灾害模拟，即模拟大楼受到飞机撞击时，大楼的受灾情况、结构失稳和坍塌的过程。

灾害模拟主要用于模拟火灾情况下的人员疏散、火灾扩散、烟气流动，以及在人员聚集的情况下，遇到突发事件时，人员如何流动疏散，是否会发生踩踏等问题。

利用 BIM 及相应灾害分析模拟软件，可以在灾害发生前，模拟灾害发生的过程，分析灾害发生的原因，制定避免灾害发生的措施，以及发生灾害后人员疏散、救援支持的应急预案。例如，将 BIM 模型导入 PyroSim 和 Pathfinder 中，可以模拟火灾和烟气，导入结构分析软件中，可以模拟在灾害荷载作用下的内力、变形及破坏等情况。当灾害发生后，BIM 模型可以提供救援人员紧急状况点的完整信息，这将有效提高救援人员应对突发状况的能力。此外，楼宇自动化系统能及时获取建筑物及设备的状态信息，通过 BIM 和楼宇自动化系统的结合，使 BIM 模型能清晰地呈现出建筑物内部紧急状况的位置，甚至到紧急状况点最合适的路线，救援人员可以由此做出正确的现场处置，提高应急行动的成效。

2.4.4　智慧社区与管理

智慧社区是社区管理的新理念，是新形势下社会管理创新的新模式。智慧社区是指充分利用物联网、云计算、移动互联网等新一代信息技术的集成应用，为社区居民提供安全、舒适、便利的现代化、智慧化生活环境，从而形成基于信息化、智能化社会管理与服务的新管理形态的社区。智慧社区作为智慧城市的重要组成部分，随着全国智慧城市建设的不断深入，也逐渐成为人们关注的焦点。

运用 BIM 技术，社区内的信息孤岛将走向集成，这是智慧社区建设的目标和要求。智慧社区将大大提高社区系统的集成程度，使社区内的成员更充分地共享信息和资源，同时，还提高了系统的服务能力。

各种信息化技术，特别是自动化技术、物联网技术、云计算技术的应用，不但使居民的信息得到集中的数字化管理，还使基础设施与家用电器自身的各种基础及状态信息可通过互联网被用户获取，并使用户可通过互联网控制这些设备，同时，设备间也可通过一定的规则协同工作。通过对各种人、物、事的信息的综合处理，更多智能化、主动化和个性化服务将出现在社区居民身边。

BIM 为建筑全生命期的各阶段数据信息的传递提供了解决方案，其应用贯穿建筑的整个生命周期，它包含的建筑信息、设备信息，能够在建筑的运营维护阶段为维护人员提供可靠的数据信息支持。BIM 技术在智慧社区运营管理中具有以下优点。

1. 建筑信息与社区信息的集成

建筑信息模型包含了从项目立项、建筑设计、施工、竣工各阶段，业主、各设计方（建筑、结构、水暖电）、监理方、施工方等所有项目参与方的数据信息，具有强大的信息整合能力，在此平台基础上，附加的社区信息，将为社区运营管理，尤其是涉及建筑物的运营维修提供强有力的支持。

2. 三维可视化的运营管理

BIM 技术可以将社区建筑的信息精确到构件级别，并且可以在三维模型中将整个社区环境展示出来，使数据更为精确、直观地展示现实状况，这是 BIM 软件相对于二维图纸、CAD 等建筑软件独特的优势。现实的数据信息都是基于建筑三维模型的，社区工作人员单击构件，即可查询建筑信息，快捷方便且数据信息准确可靠。例如，在检修设备时，可以通过三维可视化定位、快速查询设备信息。

3. 有助于统一运营管理标准

目前 BIM 技术在业界已经得到了广泛认可，国家出台了相应的技术标准，各级政府已经明确将 BIM 技术在建筑业推广作为下一步的发展战略。BIM 技术和物联网、云计算等新一代信息技术一样，作为实现智慧社区的基础手段，其在社区运营管理中的充分应用，将有助于统一智慧社区运营管理标准。

2011 年 6 月，上海市投资 3 000 万元建设的首个"智慧社区"——浦东金桥碧云一期改造完成，实现了智能家庭终端、金桥碧云卡、社区信息门户网站和云计算中心四大基础项目。通过智能家庭信息终端和碧云大管家，实现公共服务信息查询、优惠信息显示和服务预订等功能。通过金桥碧云炫卡绑定商家或社区服务机构的各类信息，直接缴纳相关费用，享受个性化服务。社区信息门户网站是居民查看社区内各类信息的互联网窗口，主要功能与"碧云大管家"相对应。同时，基于网站的互动及宣传功能，可将服务辐射至所有人群。云计算中心是整个项目的大脑，因为所有子项目的数据都将通过云计算中心进行交换、处理、存储以及查询。另外，还实现了智能交通，运用红绿灯违章率监控管理系统；智能环保，例如，通过对现有垃圾桶的改造，当垃圾桶内的垃圾到达一定程度时，如 90%时，就会自动将相关信息传送到相关管理部门。智能停车场完成试点工作，通过应用停车场管理专利技术，实现查找社区内停车场、查询停车位信息和指导精确停车等功能。

BIM 技术在工程项目中的应用，按照划分标准的不同，应用的侧重点也不同，限于篇幅，本章不再展开介绍。

思考与练习

1. 单选题

（1）下列属于 BIM 技术在业主方的应用优势的是_____。

  A. 实现可视化设计、协同设计、性能化设计、工程量统计和管线综合

  B. 实现规划方案预演、场地分析、建筑性能预测和成本估算

  C. 实施施工进度模拟、数字化建造、物料跟踪、可视化管理和施工综合

  D. 实现虚拟现实和漫游、资产、空间等管理、建筑系统分析和灾害应急模拟

（2）BIM 技术应用于建设项目的_____等，贯穿于建设项目的全生命期。

  A. 建筑、结构   B. 设计、施工、运维

  C. 建筑、结构、机电   D. 规划、设计、施工、运维甚至拆除

（3）室内采光效果是评价绿色建筑性能的重要方面，它以室内_____作为主要指标。

  A. 采光系数和采光照度   B. 采光系数

  C. 采光照度   D. 光通量

2. 多选题

（1）建筑性能模拟分析主要包括_____。

  A. 采光分析   B. 日照分析   C. 外部风环境分析

  D. 结构分析分析   E. 热岛效应分析

（2）BIM 模型深化设计通常包括_____。

  A. 管线综合深化设计与分析

  B. 土建结构深化设计与分析

  C. 施工组织深化设计与分析

  D. 钢结构深化设计与分析

  E. 玻璃幕墙深化设计与分析

（3）虚拟施工管理可进行_____等，加强了对施工过程的事前控制和动态管理，从而改进和优化施工方案，提升建设项目的整体效益。

    A. 场地布置   B. 日照分析   C. 复杂工序演示

    D. 关键工艺展示   E. 施工方案模拟

3.　问答题

（1）工程建设全寿命周期包括哪些阶段？

（2）BIM 技术在各阶段的应用点相互之间有无联系？如果有，有什么联系？

（3）结合所学知识阐述 BIM 在结构设计阶段的具体应用。

（4）专业的结构设计模型和基于 BIM 的结构模型存在哪些差异？

（5）建筑性能模拟分析包括哪些？

（6）基于 BIM 的施工进度管理是什么？主要包括哪些方面？

（7）如何在施工用地管理中实施绿色施工管理？

（8）运维阶段是建筑全生命期中时间占比最大的阶段，基于 BIM 技术的运营管理体现在哪些方面？

03 第3章 BIM标准及指南

要达成产业信息化，先要制订统一的标准。与其他行业相比，建筑物的生产是建立在项目协作基础上的，通常是多个项目参与方在较长的生产周期内完成。BIM作为贯穿全生命期的信息技术，是所有信息活动的载体和平台，其实现需要建立建筑行业的外部平台环境标准和内部信息属性标准，为建筑全生命期信息资源的传递和共享提供有效保证。所以，如果没有标准的 BIM，那么，建筑产业信息化的实现过程会缺少一大助力。

BIM 标准是一个较为宏观的概念，它涉及很多方向和领域，不同的分类规则会导致不同的分类结果。对于已发布的 BIM 标准，目前国际上主要分为两类：一类是由 ISO 等认证的相关行业数据技术标准，另一类是各个国家针对本国建筑业发展情况制定的 BIM 标准。行业数据技术标准主要分为工业基础（Industry Foundation Class，IFC）、信息交付手册（Information Delivery Manual，IDM）和国际字典（International Framework for Dictionaries，IFD）3 类，它们是实现 BIM 价值的三大支撑技术。这 3 个标准构成了整个 BIM 标准体系的基本框架。各个国家的 BIM 标准，是该国针对自身发展情况制定的指导本国实施 BIM 的操作指南。BIM 标准从国家标准体系层面可分为 3 个层次：第一个层次是国家标准，是国家层面的最高标准，有广阔的覆盖能力；第二个层次是行业标准或地方标准，是面向某一个行业，如面向建筑工程行业，还是面向某一个地区，如北京地区的范围比较小的标准；第三个层次是执行层面的标准，如企业标准，它针对某一个实施团体，执行策略、技术条件、组织架构会根据具体情况制定。现在也涉及更细的层面，即项目标准。在以上三个大的分类框架下，各参建方（设计方、施工方、运维方等）也在逐步完善各自建设领域的相关信息化标准。

因此，BIM 标准的制定是决定 BIM 技术能否发展的关键，开放的、可扩展的 BIM 标准更是 BIM 推广应用的前提。

BIM 标准对推动 BIM 技术发展的意义主要包括两方面。一方面是指导和引导意义，BIM 标准把建筑行业已经形成的一些标准成果提炼出来，形成条文来指导行业工作。有很多企业的一些先进做法值得推广，然后在标准制定或再修订过程中就会把其中适合推广的部分提炼出来，加以总结修正，形成标准条文来指导其他企业的工作。另一方面是评估监督作用。BIM 标准可规范工程建筑行业的工作，虽然不能百分之百地评判工作质量，但能提供一个基准来评判工作是否合格。BIM 标准对行业和项目的指导意义是巨大的，影响是深远的。

本章将主要介绍 BIM 技术标准、BIM 国家标准、BIM 地方标准、BIM 企业标准，其中，BIM 技术标准是 BIM 实施的重要部分。

3.1　BIM 技术标准

国际上制定 BIM 技术标准的主要机构是 BuildingSMART，BIM 技术标准主要包括 3 个方面的内容：工业基础类（Industry Foundation Classes，IFC），对应于国内的《建筑工程信息模型存储标准》；国际语义框架（International Framework for Dictionaries，IFD），对应于国内的《建筑工程设计信息模型分类和编码标准》；信息交付导则（Information DeliveryManual，IDM），对应于国内的《建筑工程设计信息模型交付标准》。本节将从这 3 个方面阐述。

3.1.1　存储标准

《模型数据存储标准》（IFC）标准规定了模型信息应该采用什么格式组织和存储。例如，建筑师在利用应用软件建立用于初步会签的建筑信息后，他是将这些信息保存为某种应用软件提供的格式，还是保存为某种标准化的中性格式，然后再分发给结构工程师等其他参与者。IFC 标准首先由国际协同联盟（IAI）于 1995 年提出，是面向对象的三维建筑产品数据标准。IFC 标准已在规划、工程设计、工程施工、电子政务等领域广泛应用，目的是建设建筑业中不同专业以及不同软件共享数据源的有效途径。1997 年 1 月，IAI 发布了 IFC 信息模型的第一个完整版本。经过十余年的努力，IFC 标准已发展到 2.4 版本，信息模型的覆盖范围、应用领域、模型框架都有了很大的改进（现已由 BuildingSMART 国际接手开发和维护）。

1. 关于 IFC

（1）IFC 概述

简单地说，IFC 是建筑业的一个国际标准，是 BIM 的三维建筑信息交换标准；它也是一个文件格式，是 DWG 的升级，而 DWG 或者 DXF 仅仅是图形交换标准。具体来讲，IFC 以一种大家都认可的方式规定了建筑行业的事物，并为建筑业定义了一套通行语言。这些词汇由建筑行业人员定义，为不同软件之间实现建筑信息的交换与共享提供了基础。IFC 已经超越了图形交换国际标准 STEP，从几何体与图层走向建筑对象，终端用户仅需考虑建筑对象即可。

IFC 通过建立一个共享的模型来描述建筑物对象和建筑流程中的必要信息，也包括各部分之间的关系信息。它由 IAI 组织研发，于 2002 年 11 月在韩国汉城举行的 ISO 国际会议上，正式成为 ISO 国际标准，编号为 ISO20542。自 1995 年 IAI 组织成立以来，IAI 组织于 1997 年发布 IFC1.0，开始了第一代的 IFC，中间经历了 1.5、1.5.1、2.0、2x、2x2、2x2add1 版本，其中 1998 年发行的 IFC1.5.1 是第一个得到商业软件支持的版本，而 2004 年 7 月发布的 IFC2x2_add1 是目前的最新版本。

（2）IFC 的产生

建筑行业是体系庞大、涉及面极广的行业，建筑信息在各组织、人员之间的交换与共享也是非常频繁的。随着信息技术的广泛应用，越来越多复杂的信息需要进行有效交换，这种不断增长的需求是多方面的：工程量清单、空间、时间与造价等，都是除了图纸与建筑三维模型之外，建筑从业人员组织需要交换的信息。这也就意味着交换需求不仅发生在同类软件之间，比如 CAD 与 CAD，还包括在不同功能软件之间，比如 CAD 与概预算软件。下面是一些交换需求的例子。

① 同一项目的建筑构件在两个不同 CAD 系统之间。

② 建筑构件在 CAD 系统与分析工具之间，比如结构分析软件。

③ 从 CAD 系统得到的工程量概预算软件。

④ 产品、物品、目录、数据库到 CAD 系统。

这些例子体现了对信息高效交换与共享的需求，这是建筑从业者实施业务流程的需要，而目前大多数工作都在软件工具的辅助下完成，因而需要在建筑工程软件之间实现这种信息交换。但目前软件之间的信息交换是不理想的，或者说不能满足建筑业的需要，具体表现在信息交换不充分、不全面，甚至有错误。造成这种现象的原因是多方面的，最根本的原因在于目前建筑软件是基于图形系统而不是基于建筑对象系统的。对于实现信息交换的软件来说，这样的源信息本身就存在不明确性、不全面性，因而造成信息交换时的猜测性，进而造成信息交换不充分、不正确。源信息的另外一些特点，如不规范性、复杂多样性，还造成软件实现信息交换的困难性和复杂性，比如一个软件必须输出多种数据格式，也就是建立与多种软件之间的接口，而其中任何一个软件的变动，都需要重新编写接口。上述原因使建筑信息交换和共享非常混乱，而这种混乱又反过来进一步加剧信息交换的不顺畅。

建筑业务流程信息交换的需要和建筑软件实现信息交换存在的问题，都是产生信息交换标准的原因。当然，从建筑业进入 CAD 时代起，标准问题就一直存在。虽然某些组织提出了相关的标准，包括公开的 DXF 标准和事实上的 DWG 标准。不能否认，在二维绘图方面，DWG 标准在一定程度上起到了标准应有的作用。只不过随着 CAD 逐步表现出来的低效，建筑业进入了 BIM 时代，这时 DWG 这种图形标准已经不能适应基于建筑模型的软件的需要，建筑业需要的是基于建筑对象的三维标准。

1994 年，美国的 12 个机构聚集在一起研讨使不同应用软件协同工作的方法。1995 年，这些商业公司与研究机构成立了 IAI（Industry Alliance for Interoperability）。IAI 是建筑行业一个全球性的工业联盟，它代表整个建筑行业的利益，并以实现建筑工程不同专业软件之间的协作为己任。IAI 成立的目的是定义一种建筑业的公共标准来实现系统集成、数据交换与共享，使不同专业及不同软件之间的建筑信息进行有效交换。目前，IAI 组织已经发展到 19 个国家，建立了 14 个分部，并得到了 650 个成员公司的资助；而 IAI 组织开发的 IFC 模型也已经被大部分 CAD 软件以及下游分析软件支持，IFC 已经真正成为一个全球性的组织。

今天，越来越多的人了解 BIM，了解 IFC。在一定程度上讲，BIM 概念的推广也促进了 IFC 的认知与发展。因为在各种 BIM 文章中，经常会提到 IFC 这一适合 BIM 的标准。现在，IAI 的网站上也出现了多处 BIM 字样，一方面是对 BIM 的肯定，另一方面也反映了 BIM 与 IFC 的密切相关性。可以说 IFC 是为 BIM 而生的，即第一版 IFC 发布于 1997 年，而 BIM 出现于 2002 年。当然，IFC 标准反过来也会促进 BIM 更好地发展。

（3）IFC 模型的层次结构

IFC 模型的开发工作是由 IAI 的模型支持组（Model Support Group，MSG）负责的，目前 MSG 由不同国家的 6 个成员组成，每隔一段时间就会发布最新版本。而每一个新版本都增加新的实体与关系，更丰富地描述建筑生命周期的各种信息，因此这是一个逐步增长的工作。模型开发工作的成果——IFC 模型定义，采用了如下模式保证了这种增长的顺利进行。

图 3-1 为 IFC 模型定义的层次结构，显示了模型是如何设计的。从总的观点来看，模型分为 4 层，代表不同的级别。每一层由几个不同的类目组成，在一个目录或者大纲（Schema）中，每一个实体对象被定义。比如墙实体（叫 IFC Wall）属于 SharedBuildingElements（共享建筑元素）大纲，

该大纲又属于 Interoperability（互操作）层。这种层次系统的设计，要求每层的实体只能引用同级或下级的实体，而不能引用上级的实体。采用这种模式的设计是为了模型的整体架构更容易维护和生长，使得低层的实体可以被高层定义时重用，并且在不同的专业实体之间能被清晰地区别，对专业软件来说，也更容易实现 IFC 模型。

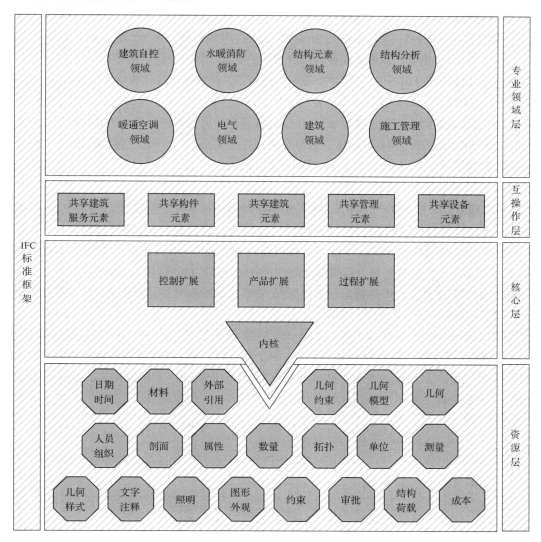

图 3-1　IFC 模型定义的层次结构

这里简要介绍 IFC 模型结构的 4 个层次（从最低层开始）。

① 资源层（Resource Layer）。该层包含用来描述基本属性的实体，如几何、材料、数量、测量、日期和时间、成本等通用的而不是建筑专有的内容。它们的作用就是作为上层实体属性定义的基础资源。如前所述，许多资源定义都直接来自 STEP 标准。

② 核心层（Core Layer）。该层包含的实体，主要描述非行业性的或者行业性不明显的抽象概念，用来定义更高层次的实体。比如 Kernel 大纲定义了如下核心概念：参与者、组、流程、产品、关系等，这些都被用于模型中更高层级实体的定义。Product Extension 大纲定义了抽象的建筑组件，如空

间、场地、建筑、建筑元素、注释等。另外两个扩展大纲定义了流程和控制相关的概念，如任务、步骤、工作进度、工作审批等。

③ 互操作层（Interoperability Layer）。该层包含的实体是最常用的，同时由建筑施工与运营管理软件共享。因此，SharedBuildingElements（共享建筑元素）大纲包含以下实体的定义：梁、柱、墙、门、窗等；SharedBuilding Services Elements（共享建筑服务元素）大纲定义了以下实体：流段、流控制器、流体属性、声音属性等；Shared Facilities Elements（共享设备元素）大纲定义定义了如下实体：资产、占有者、家具类型等；总地来说，大部分常用的建筑实体都在这一层定义。

④ 领域层（Domain Layer）。它是 IFC 模型的最高层，包含每个具体领域（如建筑、结构工程、设备管理等）的概念定义，如建筑专业的空间组织，结构工程的条基、桩基等，暖通空调的锅炉、冷却器等。一部分大纲如 PART of ISO/PAS 16739 的模型定义已经得到了 ISO 的认可鉴定，正式成为国际标准。2002 年授予 IFC 的 ISO 认证，对 IFC 来说是至关重要的，因为这意味着这部分模型具有一定的成熟度与稳定性，也便于软件开发商更好地实现 IFC。

（4）IFC 模型的空间结构

毕竟 IFC 模型定义是 IAI 的工作，而它的这种层级结构可以说是模型定义的原则，因而对于要实现 IFC 标准的软件商来说只需达到了解程度即可。另外，软件开发者需要重点熟悉的应该是具体的 IFC 模型定义，包括 IFC 模型的空间结构（相当于各 IFC 实体的相互关系），以及各 IFC 实体的继承关系。IFC 模型的空间结构是指 IFC 模型是如何把各种建筑构件、楼层、建筑物、场地、项目这些内容组织在一起，它定义了程序的整体框架与流程。IFC 实体的继承关系则直接关系到程序的具体实现细节。下面先介绍 IFC 模型的空间结构。

图 3-2 为 IFC 模型的空间结构关系，这是一种常规的分解方式：项目—场地—建筑—楼层，这样逐级分解。从联系各实体的关系线上可以看出：一个项目可以经由场地再到建筑，也可以直接到建筑；同样，一个楼层可以直属于一个建筑，也可以先属于分建筑（如建筑的 A 座、B 座），分建筑再组合为建筑。IFC 的定义考虑各种情况，以增强标准的通用性，但这种灵活性也带来了软件实现的复杂性，再加上 IFC 模型不同版本的差异，就使得复杂性就更为突出了。

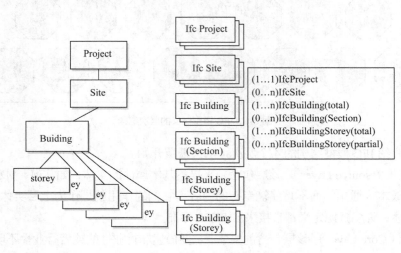

图 3-2　IFC 空间结构关系

IFC 的主要空间结构实体包括 Ifc Site、Ifc Building、Ifc Building Storey、Ifc Space。由图 3-2 可

知，以上 4 个实体都继承自 Ifc Spatial Structure Element 实体，再进一步继承自 Ifc Product 实体，而这两个父类都是抽象类。由图 3-3 可见，Ifc Product 类具有坐标系定义和形体描述属性，因而由继承而来的实体也具有该属性。但同时虚线表示属性是可选的，因而事实上，**Ifc Site**、**Ifc Building**、**Ifc Building Storey** 只有坐标系定义，没有形体描述，因为它要依赖于下属的建筑构件来共同描述。

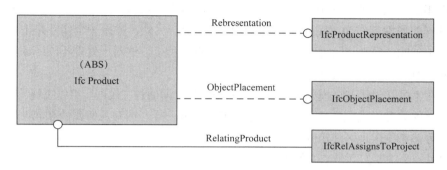

图 3-3　Ifc Product 实体定义

（5）IFC 模型的继承体系

以任何建筑都会涉及的两个最基本的构件——墙实体和空间实体为例，我们要知道它们在 IFC 模型中的继承体系是如何被表述的，以及它们之间的关系是如何描述的。关系描述是非常重要的，因为对于建筑数据来说，我们不仅要知道墙和空间的细节，还要知道哪面墙联系着哪些空间。

墙实体与其他一些建筑实体（如屋顶、楼板、柱、梁等）一样，有如图 3-3 所示的等级定义。墙实体（Ifc Wall）定义为建筑元素实体（Ifc BuildingElement）的一个子类，而建筑元素实体又是元素实体（Ifc Element）的子类，以此类推，直到到达根实体（Ifc Root）。每一类实体都有相关的属性来联系，墙实体继承了它所有父实体（父类或者超类）的属性。这个例子中，所有的父实体都是抽象的，也就是说，不能创建这些父实体的实例，这也是它们为什么被放在 IFC 模型结构的核心层的原因。墙实体不是抽象的，它可以被实例化来创建实际的对象。墙的大部分属性，如类型、形状、位置、数量、连接关系、洞口等，基本上都在它的父类 Ifc Element 中定义，因为这些属性对于所有元素来说都是通用的。

下面来看空间实体的定义。若空间实体（Ifc Space）被定义为空间结构元素（Ifc Spatial Structure Element）的一个子类，而空间结构元素又是产品实体（Ifc Product）的子类，如墙实体的等级关系一样。同样地，空间实体的所有父类也都是抽象的，空间实体也继承了它们的属性。空间实体不是抽象的，也就是说，可以在一个建筑模型中创建实际的空间对象。

实体可以被联系上不同的关系。比如，聚合关系可以应用到空间实体上，把这些空间放在一个楼层上；包含关系可以应用到家具实体上，把家具放在一个空间里。如果一面墙需要关联到一个空间上，那么会用到 Ifc Rel Contained In Spatial Structure 这样一个具体的包含关系。这一关系被放在 Ifc Element 和 Ifc Spatial Structure Element 层级上，这意味着任何元素——墙、梁、柱等，都可以被联系在一个空间结构上，如场地、建筑、楼层、空间。虽然 IFC 允许创建所有的这些关系，但一个建筑模型中这些关系的合理性是要靠输出 IFC 文件的程序来保证的。通过这种非强迫性，如墙必须联系到一个空间上，但也可以联系到一个楼层上，以保证 IFC 模型的灵活性。同时，如果一个下游软件需要找某个空间相关的墙，而这一联系关系却没有明确描述，可能程序就不能正确处理。因此，IFC

文件如何被应用软件创建非常重要，并且是应用软件使用 IFC 能否达到互操作的关键因素。

（6）IFC 模型的其他方面

为提高 FC 模型的灵活性和可扩展性，IFC 模型的另外两个设计点是属性集（Property Set）与代理（Proxy）。

先介绍属性集的概念。如果一个实体的一个属性是普遍的、明确的，比如墙的高度或者梁的截面面积，那么这样的属性就作为"属性"被硬编码到模型中。另外，如果一个属性是不确定的，那么它就被定义为单独的"属性集"，像"属性"一样附着在模型上。这对于处理不同国家、不同地区建筑上的差别非常有用，比如建筑规范、规格的差别。

同时，软件商还可以创建 IFC 模型中没有定义的新实体，即通过"代理"实体实现新实体与 IFC 模型中已定义实体的共存，代理实体可以像一般的 IFC 实体一样，拥有几何属性和属性集。比如常用于中东、南亚等热带气候地区建筑的多孔板，就可以被当地的 IFC 实现方定义为代理对象。

IFC 模型的另一个重要方面是它的抽象性。因为 IFC 不是针对某一特定软件设计的。如上面的空间与墙体的例子，实体之间没有直接的关系，所有的关系都是间接定义的，这样实体之间就可以根据不同软件的要求以各自独特的方式建立各种关系。相比之下，一些具体的建筑模型软件，如 Archi CAD 或 Autodesk Revit，它们的内部数据模型都是紧密集成在一起的，并且是经过优化的。因为任何文件格式的文件大小与数据模型的组织方式密切相关，因而描述同一个项目数据时，IFC 文件的大小通常比 Archi CAD 或 Revit 的文件要大很多。当然另一个原因是 IFC 采用 STEP 纯文本格式，而如果采用 ifc XML 的 XML 格式，文件尺寸会更大。

既然不同的数据模型以不同的方式来组织数据，那么当数据从一种模型向另一种模型转化时，就很可能会因为目标模型没有相应数据的占位符而造成数据丢失。以 IFC 兼容的 ArchiCAD 为例，它可以导入 IFC 模型中的所有建筑、结构实体，但同时也存在一些 ArchiCAD 不支持的实体。相反，IFC 模型支持一部分二维图形与文档内容，而这些是 ArchiCAD 除了创建建筑模型之外的另一重要部分。Revit 目前还不是 IFC 的兼容软件，各种自定义关系，比如对齐、均分、相等以及其他一些用于对象间的尺寸约束关系，虽然 IFC 支持这些概念，但还达不到 Revit 要求的保真度。相反，Revit 也不能从 IFC 模型中导入详细的建筑服务构件，因为 Revit 目前还没有处理设备模型以及其他建筑服务模型的能力。

因此，IFC 模型的导入与输出过程都会不可避免地发生数据损失。IFC 模型要想用来实现软件间完全的互操作，那么它必须成为所有数据模型的超集，而这几乎是不可能的。因此，我们也不能主观地认为 IFC 什么都能做，这显然超出了实际可能的期望。

（7）IFC 的未来

IAI 的模型支持组 MSG 仍然在深入开发 IFC 模型。ISO 认证大纲已经作为基础平台被固定下来，接下来的工作集中在稳定其他大纲定义方面，并且继续扩展模型的功能，使之能用来描述建筑设计、施工、运营等不同领域更多的概念。既然 IFC 模型的目标是为整个建筑生命周期服务，它的开发工作就一定还得持续数年。同时，更大部分的模型也会得到 ISO 认证，作为稳定的标准供软件开发商使用。

IFC 的工作本身已经到达一个关键点。模型已经成熟，大部分模型 2002 年底得到 ISO 认证也是 IFC 的肯定。随着建筑行业逐步转入 BIM，IFC 会越来越重要，它会逐渐成为基于模型的建筑数据的交换标准。同时，对建筑丰富信息的利用也逐渐向高级发展，已经超出了信息交换的目标。

这样的例子包括英国的 ifc-m Bomb 项目，主要关注建筑的运营与维护方面的 IFC 模型；新加坡的 CORENET 项目，使用 IFC 来进行自动化建筑规范检查与审批流程；芬兰的 IFCModel Server 项目，把 IFC 模型数据存储在互联网可访问的数据库系统上，让 IFC 兼容的软件可以通过 Web 服务来相互通信。

同时，我们不能对 IFC 寄予过高的期望，希望它可以实现建筑行业终极的互操作。还可以通过其他的数据集成方法来实现不同软件间的相互通信，如 API；面向数据的输出格式，如 ODBC；基于互联网应用的 XML 等。针对某些具体情况，IFC 甚至还不是最佳的互操作方法，应用程序仍需要开发直接的连接，以实现更高效的通信与更紧密的集成。同样地，基于 IFC 格式的系列软件之间还无法达到无缝集成，除了一些精细建模的测试项目外，这些都表明了当前的 IFC 工作还没有达到能大规模使用的水平。但无论如何，IFC 作为一个真正公开的行业标准，都是值得关注的，因为一旦如期望的那样，它的集成能力和协作优势就可以极大地减少建筑行业的浪费。

2. IFC 数据定义模式和内容

IFC 标准包含的内容非常丰富，其中可以借鉴的东西也很多。下面从两个方面说明。

（1）IFC 数据定义模式是我们应该借鉴的。大多数的软件开发还停留在自定义数据文件的水平上，简单地定义某一位置或某一项数据代表的含义，这种方式显然不适合大型系统的开发和扩展，更不要说加数据交换。我们需要一个总体的规划，一个规范的数据描述方式。不然我们在前面简单定义数据节省的时间，会在后期修改和扩展中加倍地浪费掉，而且很有可能会失去对系统的控制。

（2）IFC 数据定义内容是我们应该借鉴的。IFC 目前和将要加入的信息描述内容是非常丰富的，涉及建筑工程的方方面面，包括几何、拓扑、几何实体、人员、成本、建筑构件和建筑材料等。更为难得的是，这些信息用面向对象的方法、模块化的方式很好地组织起来，成为一个有机的整体。我们在定义自己的数据时，可以借鉴或直接应用这些数据定义。IAI 组织集中了全世界顶尖的领域专家和 IT 专家，由他们定义的信息模型经过了多方的验证和修改，是目前最优秀的建筑工程信息模型。如果我们抛开 IFC，完全自定义信息模型，只能保证定义的模型与之不同，而不能保证比它更好。只有吸收其他先进的技术成果，不断创新，才能有所进步。

3. IFC 在中国的主要应用领域

IFC 在中国的应用领域很多，针对当前需求，主要有以下两个方面。

（1）企业应用平台。我国的建筑企业，特别是大中型设计企业和施工企业，都拥有众多的工程类软件。在一个工程项目中，往往会应用多个软件，而来自不同开发商的软件之间的交互能力很差。这就需要人工输入数据，工作量非常大，而且很难保证准确性。另外，企业积累了大量的历史资料，这些历史资料同样来自不同的软件开发商，如果没有统一的标准，就很难挖掘里面蕴藏的信息和知识。

因此，需要建立一个企业应用平台，集成来自各方的软件。而数据标准是这个集成平台不可或缺的内容。

（2）电子政务。新加坡政府的电子审图系统，可能是 IFC 标准在电子政务中应用的最好实例。在新加坡，所有的设计方案都要以电子方式递交政府审查，政府将规范的强制要求编成检查条件，以电子方式自动进行规范检查，并能标示出违反规范的地方和原因。这里存在的最大的问题是，设计方案所用的软件有很多种，不可能为每种软件都编写一个规范检查程序。所以，新加坡政府要求所有的软件都要输出符合 IFC2x 标准的数据，而检查程序只要能识别 IFC2x 的数据，即可完成任务。随着技术的进步，类似的电子政务项目会越来越多，而标准在其中扮演着越来越重要的角色。

3.1.2 分类编码标准

编码标准是对整个建筑领域进行描述，从完整的建筑结构、大型建设项目、复合结构的建筑综合体，到个别的建筑产品、构件材料。它描述各种形式的建筑物、构筑物。分类和编码标准描述各种建筑活动、参与者、工具，以及在设计、施工、维护过程中使用的各种信息。许多业主和经理希望在开发项目的过程中占有项目的所有信息，如各种决策数据、选择方案、管理记录等，并以此来促进决策。他们需要这些信息以更好地管理物业设施并为未来的业主提供适于销售的产品，也可用于组织、检索产品信息。编码标准通过分类表来跟踪、记录项目及其构件的全生命期，以实现在建筑实体全生命期中的应用。传统的建筑业只关注某些信息的组织，一次只处理一个方面的信息，而分类和编码标准分类体系关注建设信息的所有方面，如过程记录、招投标需求等。它使信息能够以统一的方式存储和传输，使建筑设施管理的过程更为通畅。

20 世纪 90 年代，为满足信息技术在建筑业的应用要求，以及推动建筑管理的集成化，ISO 和一些国家开始制定集成化的建筑信息体系，如 ISO/12006-2，英国的 UNICLASS、瑞典的 NBSA96、美国的 Omniclass。这些体系可以称为现代建筑信息分类体系。它们旨在代替原有的分类体系，满足建设项目全生命期阶段内各方对建筑信息的各项要求，一些新版本的 BIM 建筑软件已经实现 OCCS 或 UN-ICLASS 分类体系编码。

1. 基本内容

建筑信息模型分类对象应包括建筑工程中的建设资源、建设进程和建设成果。建筑信息模型分类是我国建筑工程一个新的分类系统，将在很多领域中应用，从组织图书馆材料、产品说明、项目信息，到为电子数据库提供分类体系。

（1）建设资源、建设进程、建设成果应按照表 3-1 进行分类，分类应按照对应附录执行。

表 3-1　建筑信息模型分类表

表编号	分类名称	附录	表编号	分类名称	附录
10	按功能分建筑物	A	22	专业领域	J
11	按形态分建筑物	B	30	建筑产品	K
12	按功能分建筑空间	C	31	组织角色	L
13	按形态分建筑空间	D	32	工具	M
14	元素	E	33	信息	N
15	工作成果	F	40	材料	P
20	工程建设项目阶段	G	41	属性	Q
21	行为	H	—	—	—

从表 3-1 可以看出，建筑信息模型分类包括 15 张表，每张表代表建设工程信息的一方面。每张表都可以单独使用，对特定类型的信息分类，也可以与其他表结合，为更加复杂的信息分类。其中表编号 10～表编号 15 用于整理建设结果。表编号 30～表编号 33 以及表编号 40 和表编号 41 用于组

织建设资源。表编号 20～表编号 22 用于建设过程的分类。这 15 个分类表与 ISO 12006-2 中第四部分提到的表相对应，如表 3-2 所示。

表 3–2 建筑信息模型分类表与 ISO 12006–2 表的对应关系

表 10-按功能分建筑物	ISO 表 4.2 建筑实体（按照功能或用户活动分类） ISO 表 4.3 建筑综合体（按照功能或用户活动分类） ISO 表 4.6 设施（建筑综合体、建筑实体和建筑空间按照功能或用户活动分类）
表 11-按形态分建筑物	ISO 表 4.1 建筑实体（按照形态分类）
表 12-按功能分建筑空间	ISO 表 4.5 建筑空间（按照功能或用户活动分类）
表 13-按形态分建筑空间	ISO 表 4.4 建筑空间（按照附件等级分类）
表 14-元素	ISO 表 4.7 基本要素（按照建筑实体的特别主导功能分类） ISO 表 4.8 设计原理（按照工作类型分类）
表 15-工作成果	ISO 表 4.9 工作成果（按照工作类型分类）
表 20-工程建设项目阶段	ISO 表 4.11 建筑实体生命期阶段（按照阶段中各过程的所有特性分类） ISO 表 4.12 项目阶段（按照阶段中各过程的所有特性分类）
表 21-行为	ISO 表 4.10 管理过程（按照过程类型分类）
表 22-专业领域	ISO 表 4.15 施工代理（按照学科分类）
表 30-建筑产品	ISO 表 4.13 建筑产品（按照功能分类）
表 31-组织角色	ISO 表 4.15 施工代理人（按照限定条款分类）
表 32-工具	ISO 表 4.14 施工辅助（按照功能分类）
表 33-信息	ISO 表 4.16 建设信息（按照媒介类型分类）
表 40-材料	ISO 表 4.17 性能及特点（按照材料类型分类）
表 41-属性	ISO 表 4.17 性能及特点（按照材料类型分类）

（2）单个分类表内的分类对象宜分为一级类目"大类"、二级类目"中类"、三级类目"小类"、四级类目"细类"，表 3-3 为建筑产品表中规定的墙体材料。

表 3–3 建筑产品表中规定的墙体材料

层级	类目	分类名（中文）	分类名（英文）
一级类目	大类	墙体材料	Walling Material
二级类目	中类	砖	Brick
三级类目	小类	烧结砖	Fired brick
四级类目	细类	普通砖	Common brick
四级类目	细类	空心砖	Hollow brick
四级类目	细类	多孔砖	Perforated brick
三级类目	小类	非烧结砖	Non-fired brick
四级类目	细类	混凝土普通砖	Concrete common brick

2. 编码及扩展原则

（1）建筑信息模型分类表代码应采用两位数字表示，单个分类表内各层级代码应采用两位数字表示，各代码之间用英文符号"."隔开。

全数字编码方式是目前国际上流行的编码方式，本标准也采用此种编码方式。由于建筑工程涉及的对象非常丰富，对于不同的对象分成 15 个表，每个表对应一大类对象，如建筑实体、空间等，针对 15 个表，采用两位数字的方式编码，例如，建筑产品表的表编码为 13。对于建筑产品表内的具体对象，按照每个层级两位数字代码的形式表示，例如，大类类目混凝土的代码为 01。

（2）表内分类对象的编码应按照以下规定执行。

① 分类对象编码由表编码、大类代码、中类代码、小类代码、细类代码组成，表编码与分类对象编码之间用"-"连接。

② 大类编码采用 6 位数字表示，前两位为大类代码，其余 4 位用零补齐。

③ 中类编码采用 6 位数字表示，前两位为大类代码，加中类代码，后两位用零补齐。

④ 小类编码采用 6 位数字表示，前四位为上位类代码，加小类代码。

⑤ 细类编码采用 8 位数字表示，在小类编码后增加两位细类代码。

表 3-4 为建筑产品表中规定的墙体材料及其编码。

表 3-4 建筑产品表中规定的墙体材料及其编码

编码	分类名（中文）	分类名（英文）
13-02 00 00	墙体材料	Walling Material
13-02 10 00	砖	Brick
13-02 10 10	烧结砖	Fired Brick
13-02 10 10 10	普通砖	Common Brick
13-02 10 10 20	空心砖	Hollow Brick
13-02 10 10 30	多孔砖	Perforated Brick
13-02 10 20	非烧结砖	Non-Fired Brick
13-02 10 20 10	混凝土普通砖	Concrete Common Brick

（3）建筑信息模型的分类方法和编码原则应符合《信息分类和编码的基本原则和方法》GB/T 7027 的规定。

（4）建筑信息模型分类应符合科学性、系统性、可扩延性、兼容性、综合实用性原则。

（5）增加类目和编码，标准中已规定的类目和编码应保持不变。

（6）增加的最高层级代码应在 90~99 之间编制。例如，在建筑产品表的墙体材料大类中增加新的种类，则代码设置应参照表 3-5。

在第（5）点中提到的科学性是指应选取分类对象的本质属性或特征为分类依据进行分类，如建筑实体与空间。系统性是指分类体系应系统化，如建筑产品的分类应具有较强的逻辑性并完整。可扩延性是指分类体系中应设置收容分类，方便后期应用时根据不同需要扩展应用。兼容性是指与现有其他标准相协调，如《建设工程工程量清单计价规范》GB50500。综合实用性是指分类要从总体角度出发，在满足总要求和总目标的前提下，满足系统内相关单位的需求。

表 3–5　墙体材料大类中增加新类的代码设置

编码	分类名（中文）	分类名（英文）
13-02 00 00	墙体材料	Walling Material
13-02 10 00	砖	Brick
13-02 10 10	烧结砖	Fired Brick
13-02 10 10 10	普通砖	Common Brick
13-02 10 10 20	空心砖	Hollow Brick
13-02 10 10 30	多孔砖	Perforated Brick
13-02 10 20	非烧结砖	Non-Fired Brick
13-02 10 20 10	混凝土普通砖	Concrete Common Brick
13-02 90 00	XXX	XXX
13-02 90 10	XXXXX	XXXXX

3. 应用方法

编码运算符号的具体应用方法如下。

（1）为了在复杂情况下精确描述对象，应采用运算符号联合多个编码一起使用。

条文说明：常用的单个编码，往往不能满足描述所有对象的要求，需要借助运算符号来组织多个编码，达到精确描述、准确表意的目的。

（2）编码的运算符号宜采用"+、/、<、>"符号表示，并按照对应规则使用。

① "+"用于将同一表格或不同表格中的编码联合在一起，以表示两个或两个以上编码含义的集合。使用"+"表示编码含义的概念集合，并且"+"联合的编码表示的含义和性质不相互影响。例如，表述"带空调的办公室"这一概念时，可利用"+"把描述建筑产品"空调"的编码与商业办公空间"办公室"的编码联合起来，形成组合编码：30-40.00.00+12-33.13.01。

② "/"用于将单个表格中的编码联合在一起，定义一个表内的连续编码段落，以表示适合对象的分类区间。使用"/"表示一张表中连续的对象分类，连续编码段落由"/"前的编码开始，直至"/"后的编码结束。例如，想检索所有与"电气和建筑智能化"相关的工作成果，可以标记为 15-26.00.00/15-27.90.00，划定由 15-26.00.00 开始到 15-27.90.00 结束的范围。

③ "<"">"用于将同一表格或不同表格中的编码联合在一起，以表示两个或两个以上编码对象的从属或主次关系，开口背对是开口正对编码表示对象的一部分。大于号和小于号的作用是在加号运算基础上，改变参与复合交集运算双方的重要顺序，从而代替加号运算符。在使用时，"<"和">"是等价的。"<"">"运算符号的分类编码排列顺序非常重要，因为这两个符号均意味着参与运算的两个物项在概念重要性上存在先后顺序。在某些情况下，我们希望更关注的被分类物项能够在保持固有含义的情况下加载更多的信息。为了实现这个目的，需要改变分类编码的先后顺序，同时运算符要从小于号改为大于号。比如 11-13 24.11<13-15.11.34.11 仍然代表"医院办公区"，但是存储时将仍然以医院这个大分类进行存储。在任何情况下，均应保持这样的规则：无论使用大于号还是小于号，符号开口的方向都必须朝向概念更重要的那个分类物项。

4. 编码的应用原则

（1）建筑工程设计信息分类编码及运算符号的运用宜依赖于信息技术。

条文说明：建筑工程设计信息分类编码的核心功能是实现建筑信息的分类、检索和传递，这些都依赖信息技术（主要是关系型或面向对象的数据库技术），运用该技术通过算法提取信息并生成报告，实现比文件存储管理更加灵活、强大的信息管理方式。

（2）归档应按照以下规定执行。

无运算符号的单个编码按照表、大类、中类、小类、细类的层级，依次对各级代码按照从小到大的顺序归档。分类表内的条目按升序排列。首先按照表格序号排序，然后按照大类代码排序，之后按照中类代码排序，接着按照小类代码排序，最后按照细类代码排序，以此类推。例如，10-53.01.03（航站楼）在 22-11.11.00（区域规划）之前归档；30-22.25.20.19（微波炉）在 30-22.25.20.27（冰箱）之前归档。

（3）由同一类运算符号联合的组合编码集合，应按从左到右、从小到大的顺序逐级归档，如表3-6 所示。

表3-6　同一类运算符号联合的组合编码集合归档顺序

类型	编码	对象
由+联合	10-27.05.00+11-13.25.03	主题公园临时舞台
由+联合	10-39.01.00+12-33.13.00	综合医院办公空间
由+联合	11-13.25.03+10-27.05.00	主题公园临时舞台
由+联合	12-33.13.00+10-39.01.00	综合医院办公空间

（4）由单个编码和组合编码构成的编码集合，应先对由"/"联合的组合编码进行归档，再对单个编码进行归档，之后对由"+"联合的组合编码进行归档，最后对由"<""> "联合的组合编码进行归档，如表3-7 所示。

表3-7　由单个编码和组合编码构成的编码集合归档顺序

类型	编码	对象
由/联合	15-26.00.00/15-27.90.00	所有与电气和建筑智能化相关的工作成果
单个编码	10-53.01.03	航站楼
由+联合	30-40.00.00+12-33.13.01	带空调的办公室
由<、>联合	12-33.13.00<10-39.01.00	综合医院办公空间

（5）当有不同的组合编码表达同一对象时，归档顺序在前的编码为这一对象的引用编码。由于会有多个编码或组合编码可以表达某一对象的含义，因此需要规定在使用分类编码组织信息集合时，对象通用的编码，即对象的引用编码。例如，由 11-13.25.03（临时舞台）和 10-27.05.00（主题公园）联合而成的组合编码 11-13.25.03+10-27.05.00、10-27.05.00+11-13.25.03 都可以表达"主题公园临时舞台"这一对象，但归档顺序在前的编码 10-27.05.00+11-13.25.03 为"主题公园临时舞台"这一对象的通用、统一的引用编码。

（6）可将其他编码系统与建筑工程设计信息分类编码结合使用。在组织复杂的信息集合时，有时仅依靠建筑信息模型分类编码并不能满足特定的表意需求。这时建筑工程设计信息分类编码可通过与产品编号结合、与合同编号结合、与时间编码结合等方式来满足特定需求。

5. 信息分类与编码标准化的作用

当前不少大型信息应用系统标准化程度不高，给网络的互连带来了困难，尤其是在软件的设计上，一些需要统一的公共数据项各编一套代码，系统之间互不兼容，增加了信息交换的难度，无法实现信息资源共享，有的行业或单位对信息化的意识不高和对利用信息的能力认识不清，在应用系统建设上只从自身的利益出发，拒绝与其他行业或单位合作，搞封闭式的信息系统，在一定程度上影响了信息化建设的发展。随着信息化工作的不断深入，行业或集团内、企业之间的信息交换愈来愈频繁，对信息系统间信息共享的要求也越来越迫切。信息分类与编码的标准化是系统之间进行信息交换和资源共享的基础，也是各行业实现信息化的前提和基础。分类与编码标准的作用具体表现在以下几个方面。

（1）有利于实现信息共享和系统之间的互操作。实现信息共享和系统之间互操作的前提和基础，是各信息系统之间传输和交换的信息具有一致性，即当使用一个代码或术语时，所指的是同一信息内容。这种一致性建立在各信息系统对每一信息的名称、描述、分类和代码共同约定的基础上，信息分类与代码标准作为信息交换和资源共享的统一语言，它的使用不仅为信息系统间的资源共享创造了必要的条件，而且使各类信息系统的互通、互连和互操作成为可能。

（2）减少重复浪费，降低开发成本。标准化的重要作用就是对重复发生的事物，尽量减少或消除不必要的劳动耗费，并重复利用以往的劳动成果，以节省费用。直接采用相应的信息分类编码标准可以节省编制编码目录的费用；实施信息分类编码标准，可以统一协调各职能部门的信息收集工作，使之既符合系统整体的要求，又满足单位的要求，可以减少重复采集、加工、存储信息的费用。

（3）改善数据的准确性和相容性，降低冗余度。通过信息分类编码标准化，最大程度地消除因对信息的命名、描述、分类和编码不一致造成的误解和分歧；减少一名多物、一物多名，对同一名称的分类和描述的不同，以及同一信息内容具有不同代码等现象；做到事物或概念的名称和术语统一化、规范化；并确立代码与事物或概念之间的一一对应关系，以改善数据的准确性和相容性，消除定义的冗余和不一致的现象。

（4）提高信息处理的速度。首先，信息分类与编码标准化有利于简化信息的采集工作，由于采用统一的信息采集语言，综合信息便可直接取自相应的信息系统，系统内所需的通用信息可由主管部门采集，提供给相关的部门单位使用，使原始信息保持一致，这样既充分利用了各部门的各类分散信息，又简化了信息的采集过程；其次，信息分类与编码标准化是信息格式标准化的前提，通过统一信息的表示法，可以减少数据变换、转移所需的成本和时间；最后，信息分类标准化，使信息的命名、描述、分类与编码达到统一，有利于建立通用的数据字典，优化数据的组织结构，提高信息的有序化程度，降低数据的冗余度，从而提高信息的存储效率。综上所述，信息分类与编码标准化可以大大提高信息处理的速度。

3.1.3　交付标准

随着 BIM 技术的普及应用，以二维图纸为主要信息载体的设计交付体系，将逐步过渡到以 BIM 模型为主并关联生成二维视图的交付体系，这是 BIM 模式下图纸交付的总体趋势和方向。但是，现阶段 BIM 软件生成的二维视图还不能完全满足现行二维制图标准的要求。通过分析国内建筑行业 BIM 模式下二维图纸交付的实际问题，借鉴制造业多年三维应用的成熟经验，参照国外 BIM 应用案例，国标交付标准征求意见稿给出了现阶段 BIM 实施中完成图纸交付的方法。

《交付标准》提供一个具有可操作性的、兼容性强的统一基准。它解决社会各方关注的时间上的方向性（即信息模型的成熟度）、信息的交互（即协同模式与信息交换）和信息表达形式（即交付物的形式与成熟度）。它用于指导在基于建筑信息模型的建筑工程设计过程中，各阶段数据的建立、传递和解读，特别是各专业之间的协同、工程设计参与各方的协作，以及质量管理体系中的管控等过程。另外，该标准也用于评估建筑信息模型数据的完整度，以用于在建筑工程行业的多方交付。未来，国内各设计企业或团队将会在同一个数据体系下工作，能够广泛地交换和共享数据。产业链条的其他节点，也能够提供统一的数据端口，在建造和运维等其他过程中无缝对接，使建筑信息模型发挥出最大化的社会效益，为建筑工业的信息化提供强有力的保障。

1. 基本内容

现阶段 BIM 模型生成二维视图面临的主要问题如下。

（1）BIM 模型直接生成交付图纸存在的问题

① 与二维制图标准的差异

经过多年的不断完善，现有二维建筑设计软件基本能满足二维制图标准的要求。但 BIM 技术的普及还处于初始阶段，软件也未完全实现本地化，特别是在二维视图方面，与国内二维制图标准还存在一定的差异，还不能完全满足企业现行二维制图标准的要求。目前存在的一些典型的问题表现如下。

a. 线型、字型等在部分功能中与二维制图标准不一致。

b. 轴网、标高等的中间段部分无法隐藏或根据图面任意裁剪。

c. 在多文件关联出图时，剖面图构件之间的显示处理不满足二维出图要求，如梁、墙和楼板的融合等。

d. 一些标记、文字、注释等不满足二维出图要求，如详图索引标头、箭头样式、文字引线、表格样式等。

e. 密集并排管线，在大比例出图时，线条间距太密，无法满足出图美观的要求。

f. 垂直布置管线，在平面图中无法正确标记各层管线。

g. BIM 模型生成的视图无法满足结构出图的要求。

h. 软件自带的三维构件族自动生成的平立剖面视图与二维制图标准的简化图例不匹配。

i. 对于同样的 BIM 构件，不同设计院，甚至院内不同设计所之间的平、立、剖面图图例都不尽相同。

② 二维设计模式下的图面处理效率问题

现有的二维设计软件或二次开发软件提供了丰富的设计功能，这些功能提高了二维视图绘制及后续标注的效率。通过 BIM 模型直接生成的二维视图，虽然在图纸的生成效率及信息一致性方面都有明显提高，但对于后续的图面处理环节，仍缺乏高效的处理功能，后续的图面处理工作仍占据了设计人员大量的时间。现阶段，一些典型的问题表现如下。

a. 表格功能不够完善，有些需要用线逐一绘制，文字需要用单行文本逐一写。

b. 构件统计表样式达不到二维制图标准要求。

c. 出风口、喷淋头、灯具等末端设备布置效率低下。

d. 电气专业和房间相关的大量开关、照明设备布置效率低下。

e. 电气专业导线连接效率低下。

f. 无法生成机电系统图和电气原理图等。

（2）BIM 模式下二维图纸交付问题的解决

现阶段 BIM 模型生成二维视图过程中面临的问题，体现了现有 BIM 软件中二维视图生成功能的本地化相对欠缺。在三维技术应用成熟的制造业，前期遇到的具体困难也很类似，但随着软件功能的不断完善，目前已经具备了直接生成二维视图的能力。随着 BIM 软件在二维视图方面功能的不断加强，BIM 模型直接生成可交付的二维视图必然能够实现，BIM 模型与二维制图标准将实现有效对接。

① 最终交付的二维视图均可以在 BIM 环境中完成，包括机电系统图和电气原理图等。

② 能够保持系统图、BIM 模型、生成二维视图的一致性与关联性，完全实现一处修改、全程刷新。

③ 通过对二维制图标准的必要调整，由 BIM 模型直接生成的二维视图能够完全满足调整后的二维制图规范要求。

根据以上情况，交付标准基本内容包括建筑工程设计和建造过程中，基于建筑信息模型的数据的建立、传递和解读，特别是各专业之间的协同、工程设计、施工参与各方的协作，以及质量管理体系中的管控、交付等过程。另外，交付标准也用于评估建筑信息模型数据的成熟度。

交付标准为建筑信息模型提供统一的数据端口，以促使国内各设计企业（团队）在同一数据体系之下的工作与交流，并实施广泛的数据交换和共享。

建筑工程设计信息模型的建立和交付，除应符合本标准外，还应符合国家现行有关标准的规定。

2. 交付物的数据格式

由于设计、施工交付的目的、对象和后续用途不同，不同类型的设计、施工模型，应规定其适合的数据格式，并保证在数据的完整、一致、关联、通用、可重用和轻量化的前提下寻求合理的方式。

（1）以商业合同为依据形成的设计交付物数据格式

BIM 模型的交付目的，主要是作为完整的数据资源，供建筑全生命期的不同阶段使用。为保证数据的完整性，应保持原有的数据格式，尽量避免数据转换造成的数据丢失，可采用 BIM 建模软件专有的数据格式（RVT、RFT）。同时，为了在设计交付中便于浏览、查询、综合应用，也应考虑提供其他几种通用的、轻量化的数据格式（NWD、IFC、DWF 等）。

对于 BIM 模型产生的其他各应用类型的交付物，一般都是最终的交付成果，强调数据格式的通用性，建议这类交付成果可提供标准的数据格式（PDF、DWF、AVI、WMV、FLV）。

（2）以政府审批报告为依据形成的设计交付物数据格式

（3）以企业内部管理要求为依据形成的设计交付物数据格式

企业内部交付的 BIM 模型，主要用于具体工程项目最终交付数据的审查和存档，以及通过项目形成标准模型、标准构件等具有重用应用价值的企业模型资源。

① 对于企业最终交付审查、存档的 BIM 模型，应保持与商业合同要求相同的交付格式。

② 对于企业内部要求提交的模型资源的交付格式，重点考虑模型的可重用价值，在提交设计过程中使用 BIM 建模软件的专有数据格式、企业主流 BIM 软件专有数据格式以及可供浏览查询的通用轻量化数据格式。

基于 BIM 模型各类应用的交付物，主要用于具体工程项目最终交付数据的存档备查，应保持与商业合同要求相同的交付格式。以设计阶段为例，按 BIM 交付物的内容区分，交付数据格式包括：BIM 设计模型及其导出报告文件格式、BIM 协调模型及其协调报告文件格式、BIM 浏览模型格式、BIM 分析模型及其报告文件格式、BIM 导出传统二维视图数据格式和 BIM 打印输出文件格式等。

3. 交付数据格式示例

不同的 BIM 软件数据格式不同，下面以 Revit 平台为例，给出设计阶段按 BIM 交付物的数据文件，该文件应包括以下主要内容。

（1）Revit 设计 BIM 模型单体、分专业 Revit 设计参数化 BIM 模型、一系列 Revit 的.rvt 格式电子版文件。

（2）全专业 Revit 整体 BIM 模型：一系列 Revit 的.rvt 格式电子版文件。

（3）由 Revit BIM 模型创建的主要构件统计表文件：Revit 的.rvt 格式电子版文件、带分隔符的.txt 纯文本格式或 Office 的.xlsx 电子表格文件。

（4）BIM 图纸（PDF 电子图纸及纸质图纸）：由 Revit 导出的.pdf 格式电子版图纸；用 PDF 电子图纸打印的纸质图纸。

（5）基于单体、分专业（甚至分楼层）创建的 Navisworks 浏览、模拟和管线综合模型：.nwc（或.nwd、.nwf）格式电子版文件。

（6）基于全专业 Revit 整体模型创建的 Navisworks 模型：nwc（或.nwd、.nwf）格式电子版文；Navisworks 创建的施工进度示意模拟展示文件：.nwd 格式电子版文件和.avi 视频格式文件。

（7）DWF 浏览 BIM 模型：.dwf 格式电子版文件。

（8）AutoCAD DWG 模型：.dwg 格式电子版文件。

（9）BIM 族库：Revit 的.rfa 格式电子版文件。

（10）办公文档：BIM 设计过程中记录 2D 图纸资料技术问题等日志文件：Office 的.docx 格式电子版文件、纸质文件；各次工作汇报的 PPT、doc 文件：Office 的.pptx、.docx 格式电子版文件、纸质文件；设计变更通知单等办公类文档：Office 的.docx 格式电子版文件、纸质文件。

4. 应用与操作方法

我国各阶段的交付标准还在积极编写或编写完成征求意见中。

世界大多数国家均对建筑工程信息模型的详细程度进行了分级，其中，美国的分级策略得到了广泛认可。为了使国际间的交流更加顺畅，我国的标准等同样采用了美国建筑科学院（NIBS）主编的《美国国家 BIM 标准》（NBIMS），将建筑工程信息模型精细度分为 5 个等级，如表 3-8 所示。

表 3-8 建筑工程信息模型精细度等级

等级	英文名	简称
100 级精细度	Level of Detail 100	LOD100
200 级精细度	Level of Detail 200	LOD200
300 级精细度	Level of Detail 300	LOD300
400 级精细度	Level of Detail 400	LOD400
500 级精细度	Level of Detail 500	LOD500

在日常使用中，可根据使用需求拟定模型精细度。一些常规的建筑工程阶段和使用需求对应的模型精细度建议如表 3-9 所示。

表3-9　不同建筑工程阶段使用模型精细度建议（1）

阶段	英文	阶段代码	建模精细度	阶段用途
勘察/概念化设计	Servey/ Conceptural Design	SC	LOD100	项目可行性研究 项目用地许可
方案设计	Schematic Design	SD	LOD200	项目规划评审报批 建筑方案评审报批 设计概算
初步设计/施工图设计	Design Development/ Construction Documents	DD/CD	LOD300	专项评审报批 节能初步评估 建筑造价估算 建筑工程施工许可 施工准备 施工招投标计划 施工图招标控制价
虚拟建造/产品预制/采购/验收/交付	Virtual Construction/ Pre-Fabrication/ Product Bidding/ As-Built	VC	LOD400	施工预演 产品选用 集中采购 施工阶段造价控制
工程结算		AB	LOD500	施工结算

以虚拟建造/产品预制/采购/验收/交付阶段的 LOD400 模型精细度为例，建模精度宜遵循以下 3 点规定，并符合表 3-10 的要求。

（1）应在满足 LOD300 建模精细度的要求基础之上进行深化（详见《建筑工程设计信息模型交付标准》征求意见稿）。

（2）各构造层次均应赋予材质信息。

（3）数据应按照《建筑工程设计信息模型分类和编码标准》进行分类和编码。

表3-10　不同建筑工程阶段使用模型精细度建议（2）

设计场地	• 等高距应为 0.1m。 • 应在剖切视图中观察到与现状场地的填挖关系
道路及市政	• 建模道路及路缘石。 • 建模现状必要的市政工程管线，建模几何精度应为 100mm
墙体	• 在"类型"属性中区分外墙和内墙。 • 墙体核心层和其他构造层可按独立墙体类型分别建模。 • 外墙定位基线应与墙体核心层外表面重合，无核心层的外墙体，定位基线应与墙体内表面重合，有保温层的外墙体定位基线应与保温层外表面重合。 • 内墙定位基线宜与墙体核心层中心线重合，无核心层的外墙体，定位基线应与墙体内表面重合。 • 在属性中区分"承重墙""非承重墙""剪力墙"等功能，承重墙和剪力墙应归类于结构构件。 • 如外墙跨越多个自然层，墙体核心层应分层建模，饰面层可跨层建模。 • 内墙不应穿越楼板建模，核心层应与接触的楼板、柱等构件的核心层衔接，饰面层应与接触的楼板、柱等构件的饰面层对应衔接。 • 应输入墙体各构造层的信息，包括定位、材料和工程量。 • 构造层厚度不小于 1mm 时，应按照实际厚度建模
幕墙系统	• 幕墙系统应按照最大轮廓建模为单一幕墙，不应在标高、房间分隔等处断开。 • 幕墙系统嵌板分隔应符合设计意图。 • 内嵌的门窗应明确表示，并输入相应的非几何信息。 • 幕墙竖梃和横撑断面建模几何精度应为 3mm

楼板	• 在"类型"属性中区分建筑楼板和结构楼板。 • 应输入楼板各构造层的信息，构造层厚度不小于 3mm 时，应按照实际厚度建模。 • 楼板的核心层和其他构造层可按独立楼板类型分别建模。 • 无坡度楼板建筑完成面应与标高线重合
柱子	• 非承重柱子应归类于"建筑柱"，承重柱子应归类于"结构柱"，应在"类型"属性中注明。 • 柱子宜按照施工工法分层建模。 • 柱子截面应为柱子外廓尺寸，建模几何精度宜为 3mm
屋面	• 应输入屋面各构造层的信息，构造层厚度不小于 3mm 时，应按照实际厚度建模。 • 楼板的核心层和其他构造层可按独立楼板类型分别建模。 • 平屋面建模应考虑屋面坡度。 • 坡屋面与异形屋面应按设计形状和坡度建模，主要结构支座顶标高与屋面标高线宜重合
地面	• 地面可用楼板或通用形体建模替代，但应在"类型"属性中注明"地面"。 • 地面完成面与地面标高线宜重合
门窗	• 门窗建模几何精度应为 3mm。 • 门窗可使用精细度较高的模型。 • 应输入外门、外窗、内门、内窗、天窗、各级防火门、各级防火窗、百叶门窗等非几何信息
楼梯或坡道	• 楼梯或坡道应建模，并应输入构造层次信息。 • 平台板可用楼板替代，但应在"类型"属性中注明"楼梯平台板"
垂直交通设备	• 建模几何精度为 20mm。 • 可采用生产商提供的成品信息模型，但不应指定生产商
栏杆或栏板	• 应建模并输入几何信息和非几何信息，建模几何精度宜为 10mm
空间或房间	• 空间或房间高度的设定应遵守现行法规和规范。 • 空间或房间的标注为建筑面积，当确有需要标注为使用面积时，应在"类型"属性中注明"使用面积"。 • 空间或房间的面积，应为模型信息提取值，不得人工更改
梁	• 应按照需求输入梁系统的几何信息和非几何信息，建模几何精度宜为 3mm

3.2　BIM 国家标准及指南

　　BIM 发展较早的国家已经开始了标准的研究和编制工作，许多国家已相继出台了国家级的 BIM 标准。我国也针对 BIM 应用现状进行了基础性研究，并着手开始 BIM 标准的编制工作，并已有部分领域或阶段性标准，也有部分标准处在征求意见阶段，对 BIM 技术的发展与应用起一定的指导作用。

3.2.1　国外 BIM 标准及指南

　　BIM 技术最先从美国发展开来，随着全球建筑信息化的发展，已经迅速发展到了欧洲、亚洲的各个国家。在美洲，美国和加拿大是目前 BIM 技术发展最迅速、应用最广泛的国家；而欧洲英国、芬兰、挪威等国家的 BIM 技术实用性则更胜一筹；与此同时，日本、韩国、新加坡则是目前亚洲范围内 BIM 技术发展较快的国家，其研究应用也达到了一定水平。本节以典型国家为例，介绍国外典型国家的 BIM 标准及指南的发展与应用状况，如表 3-11 所示。

表 3-11　国外 BIM 标准及指南的发展与应用状况

国家	时间	标准名称	标准特点
美国	2007	NBIMS	首部国家级别的 BIM 标准
	2012	NBIMS 第二版	具备指导专业人士进行实践操作的能力
	2015	NBIMS 第三版	全面指导建筑工程的整个生命周期 BIM 应用
英国	2009	AEC-UKBIM	行业自行编制的 BIM 标准，非强制执行
	2010	AEC–UKBIMStandard For Autodesk Revit	发布了基于 Revit 平台的 BIM 实施标准
	2011	AEC–UKBIMStandard For Bentley Building	发布了基于 Bentley 平台的 BIM 实施标准
	2016	BSI- PAS 1192-2certified	为配合 2016 BIM 强制令，出台 BIM 资质认证方案，以保证 BIM 市场的健康发展
德国	2006	UHDE BIM/IFC	BIM 应用范围主要在智能建筑领域
丹麦	2006	D-Construction	从 BIM 模板化的角度编制标准
挪威	2009	BIM Manual1.1	由政府授权社会机构发布，实用性强
	2010	BIM Manual1.2	进一步完善，可操作性强
芬兰	2007	BIM Requirements	由政府授权企业发布，通用性强
新加坡	2012	BIM　Guide 1.0	将其他国家的 BIM 标准本土化
	2016	BCA-CoP	规定了 BIM 电子文件的提交格式及基于自定义 BIM 格式的建筑方案提交格式
日本	2012	JIABIMGuideline	研究重点为施工技术和信息技术层面
	2014	BIM 方针	政府发布一部应用指导标准，然后各个软件生产商发布对应的执行层面的应用标准
韩国	2010	A-BIM Guide	应用对象主要为业主与建筑设计师
	2012	A-BIM Guide II	更新《设施管理 BIM 应用指南》，规范设计应用

需要说明的是，由于各国 BIM 环境的差异，有些国家级的 BIM 标准严格意义上只是行业标准，比如英国、日本的 BIM 标准，只是国内建筑行业自发形成的行业标准。

1. 美国 BIM 标准及指南

美国于 2004 年编制了基于 IFC 的《国家 BIM 标准》——NBIMS，于 2007 年颁布国家 BIM 标准，在美国国家 BIM 标准第一版的第一部分——"概览、原则和方法"中，确立了如何制定公开通用的 BIM 标准的方法。

美国国家 BIM 标准第二版 NBIMS-US 2.0 于 2012 年 5 月发布，如图 3-4 所示。这是第一部公开的并基于多方共识的 BIM 标准。第二版内容包含了 BIM 参考标准、信息交换标准与指南和应用三大部分。其中参考标准主要是经 ISO 认证的 IFC、XML、Omniclass、IFD 等技术标准；信息交换标准包含 COBie、空间规划复核、能耗分析、工程量和成本分析等；指南和应用是指最小 BIM、BIM 项目实施规划与内容指南等。颁布 NBIMS-US 2.0 的目的是进一步鼓励建筑师、工程师、承包商、业主、营运团队的所有成员都能真正在工程项目的全生命期中进行生产实践，让各专业人员皆能在开放、共享、标准的环境下工作。

2015 年 7 月，美国发布第三版 BIM 标准 NBIMS 3。NBIMS 3 是一个完整的 BIM 指导性和规范性的标准，它规定了基于 IFC 数据格式的建筑信息模型在不同行业之间信息交互的要求，达到信息化促进商业进程的目的。从场地规划和建筑设计，再到建造过程和使用经营，NBIMS 3 覆盖了建筑工程的整个生命期。为了更有效地落实 BIM 技术的应用，NBIMS 3 在原有版本的基础上增加了模块内容，还引入了二维 CAD 美国国家标准。之所以引入二维图纸，是因为 BIM 不仅意味着三维甚至更高的维度，还具有结合二维、三维等更高数据格式维度的功能，二维图纸在 BIM 技术实际运用过程中仍起着不可替代的作用。

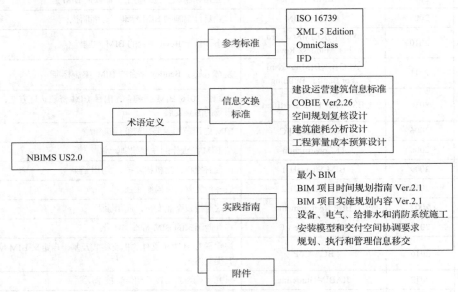

图 3-4　NBIMS-US 2.0 架构

NBIMS-3 US 3.0 的产生，是美国各地以及产业内各个领域的许多志愿者共同努力的结果。而对他们的努力所能表示的最高认同，就是将这个标准应用到建筑工程产业的实际运作当中。其他一些国家，包括韩国和英国，分别采用了美国国家 BIM 标准第二版中它们可用的部分作为其本国 BIM 标准的基础。如果其他国家，以及商业单位、司法单位和联邦机关能采用部分第二版的内容，那么第三版就可能潜在地影响数以亿计的人，而他们正在世界各地建设各式各样的建筑设施。

2. 英国 BIM 标准及指南

在英国，政府强制要求使用 BIM 技术成为促进 BIM 发展的一项重要因素。英国建筑业 BIM 标准委员会（AEC）在 IFC 标准、NBIMS 标准的基础上，于 2009 年颁布了英国建筑业 BIM 标准。多家设计、施工企业联合成立了 AEC（UK）BIM Standard 项目委员会，并于 2009 年正式发布了《AEC（UK）BIM Standard》作为推荐性的行业标准，如图 3-5 所示。项目成果中包含一份通用型（与软件产品无关的）标准、一份专门面向 Autodesk Revit 软件的版本和一份专门面向 Bentley Building 软件的版本。《AEC（UK）BIM Standard》系列标准的结构类似，主要由 5 个部分组成，分别是：项目执行标准、协同工作标准、模型标准、二维出图标准和参考。《AEC（UK）BIM Standard》系列标准的不足是它们仅面向设计企业，而非业主或施工方。因此只讨论在设计环节的 BIM 应用，而不包括上下游。

《AEC（UK）BIM Standard》制定委员会除了特别邀请来自各个行业、经验丰富的用户和 BIM 应用顾问参与进来外，还吸纳了多名曾经制定《AEC（UK）CAD Standard》标准的成员，目的是希望《AEC（UK）BIM Standard》能够成为一部理论与实践达成广泛共识的标准，该标准制参考了多项标准规范，如 2000 年 AEC（UK）CAD Standard、2001 年 AEC（UK）CAD Standard Basic LayerCode、2002 年 AEC（UK）CAD Standard AdvancedLayer Code、BS1192:2007。

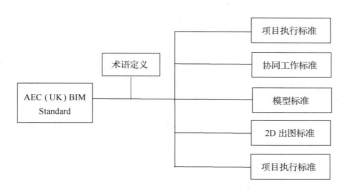

图 3-5　AEC（UK）BIM Standard Series 架构

3. 芬兰 BIM 标准及指南

芬兰政府物业管理机构 Senate Properties 于 2007 年正式发布了《BIM Requirements 2007》，如图 3-6 所示。《BIM Requirements 2007》共分为 9 卷，它们以项目各阶段与主体之间的业务流程为蓝本构成，包括总则、建模环境、建筑、机电、构造、质量保证和模型合并、造价、可视化、机电分析等内容。该标准要求在设计阶段，约束和管理各专业之间协作的内容，明确定义 BIM 构件的各种要求，并要求开发自适应的分类系统。

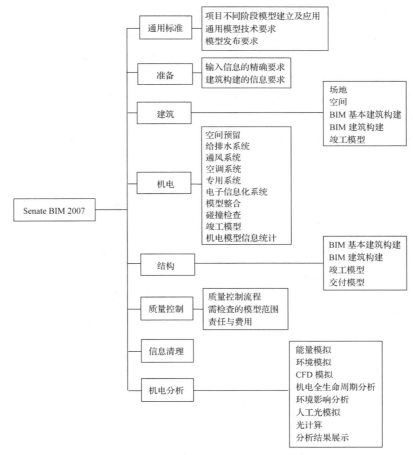

图 3-6　BIM Requirements 2007 架构

与其他国家的 BIM 标准不同,《BIM Requirements 2007》还提出了建筑全生命期中产生的所有构件的细致建模标准,不但包括建筑专业,还将其他配套专业,如结构、水电暖专业的内容也结合进来,使建筑设计与施工各阶段在 BIM 模型中都得到体现,根据各阶段的特征,进行多专业衔接,并衍生为有效的分工。在模型标准方面,芬兰标准将建模过程分为空间组的建筑信息建模、空间的建筑信息建模、初步建筑元素的建筑信息建模和建筑元素的建筑信息建模等 4 个阶段。对各阶段的建模工作提出了具体要求,如各层的定义、空间与软件的相容性、空间的分层构建、空间重叠、MEP 空间的确保、建筑要素的名称和类型定义等。

《BIM Requirements 2007》希望通过各专业人员的参与,减少各阶段问题的发生,从设计阶段开始,通过持续的反馈使问题得以尽快解决,提高工作效率。该标准的优点是全面和实用,对于不可预见性问题的解决方法都有所提及。《BIM Requirements 2007》的不足之处在于 BIM 标准中提及的示范项目,受当时 BIM 工具软件的功能限制,并不能完全达到标准规定的水准。

4. 新加坡 BIM 标准及指南

新加坡建设局于 2012 年 5 月正式发布了《Singapore BIM Guide 1.0》。新加坡是亚洲范围内,继韩国之后第二个正式发布 BIM 标准的国家。《新加坡 BIM 指南 1.0》内容务实、简明,具有一定的参考价值。《Singapore BIM Guide 1.0》的不足之处在于该标准是在大量参考已有标准和指南的基础上编写而成的,篇幅主要停留在指南和应用层面,技术层面上内容不足。

《Singapore BIM Guide 1.0》主要由 3 部分组成,如图 3-7 所示,分别是 BIM 规范、BIM 模型及协作流程和附录。BIM 规范部分,指南概括了项目成员在采用 BIM 的项目中,不同阶段承担的角色和职责,规定了各个项目团队应该在项目的"哪些"阶段提供"哪些 BIM 可交付成果",达到"哪些"目标,以及各方对约定好的目标和交付成果的责任归属。BIM 建模和协作流程部分,指南规定了如何在整个项目中创建和共享 BIM 可交付成果的措施。此外,还提出了模型要求和协作流程,模型要求用于指导项目团队在不同项目阶段创建达到正确模型深度的 BIM 成果,协作流程用于指导项目团队与其他项目团队共享成果。指南的附录部分收录了各专业典型的 BIM 构件、建筑信息模型建模指南和 BIM 项目实施计划模板等实用的参考资料。

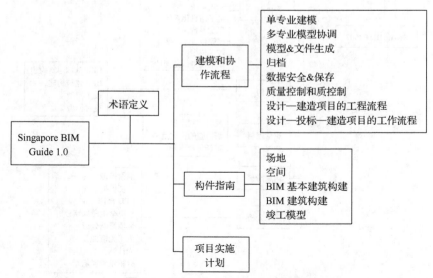

图 3-7　Singapore BIM Guide 1.0 架构

5. 日本 BIM 标准及指南

日本最早提出信息化的概念，并于 1995 年开始大力推动建筑业信息化。在此之后日本便发布了建筑信息化标准（简称 CALS/EC）。日本政府对于建筑业信息化管理的要求非常高，日本政府要求基于工程项目的全生命期的所有信息都要实现电子化、管理过程信息化；所有参与公共项目建设的建筑企业不仅要求满足所需的信息化程度，还要符合一定的标准化要求。如此强制性的规定加速了日本建筑企业科技创新的步伐。在 BIM 进入日本之前，日本国内在施工的工序、工程管理、品质管理、财务管理等方面的信息技术就已经比较成熟，以至于 2006 年 BIM 技术进入日本业界，并未对日本业界产生较大影响。BIM 技术进入日本业界的第三年，情况发生了变化。2009 年，权威建筑杂志 A + U（建筑与都市）在 2009 年 8 月出版了临时增刊，标题为 "BIM 元年，建筑设计的可能性"，分析了 BIM 设计、加工、模拟的案例，总结了 BIM 在日本的应用情况，同时展望未来。从 2009 年开始，日本的 BIM 应用开始像雨后春笋般迅速发展起来。2011 年，日本企业 FUKUI COMPUTER 推出了 BIM 平台软件 Gloobe，实现了 BIM 软件平台的完全国产化。

2012 年 7 月，由日本建筑学会（Japanese Instituteof Architects，JIA）正式发布了《JIA BIM Guideline》，如图 3-8 所示，明确了 BIM 组织机构以及人员职责要求，调整原来的设计流程，指南是以设计者的观点制定成，将设计和施工分开考虑，提出希望通过指南推广国内 BIM 应用，利用 BIM 技术进一步扩大设计业务、减少成本、缩短工期和提高竞争力。指南虽然讨论了 BIM 费用承担的问题，但是对于收益分配原则及归属并未做明确的规定。值得注意的是，日本以 BIM 技术为指导的工程合同一般为固定总价合同，期间的风险由分包商承担，恰恰与美国应用 BIM 技术为业主带来收益的目的相反。

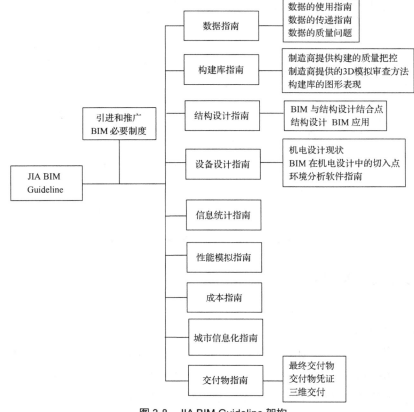

图 3-8　JIA BIM Guideline 架构

《JIA BIM Guideline》涵盖了技术标准、业务标准和管理标准 3 个模块。《JIA BIM Guideline》对于希望引入 BIM 技术的事务所和企业具有较好的指导意义，指南对企业的组织机构、人员配置、BIM 应用技术、质量把控、模型规则、各专业的应用和交付标准等做了详细指导。标准的构架条理清楚，借鉴和吸取了其他标准的长处。《JIA BIM Guideline》将设计项目分为设计规划和施工规划两方面，并探讨了 BIM 对设计规划和施工规划的应用。但由于该标准的编写是从设计的角度出发的，所以《JIA BIM Guideline》更适合面向设计企业，而非业主或施工方。

6. 韩国 BIM 标准及指南

韩国国土海洋部分别在建筑领域和土木领域制定 BIM 应用指南。其中《Architectural BIM Guideline of Korea》于 2010 年 1 月发布，如图 3-9 所示。该指南是建筑业业主、建筑师、设计师等采用 BIM 技术时必须的要素条件以及方法等的详细说明文书。土木领域的 BIM 应用指南也已立项，暂定名为《土木领域 3D 设计指南》。韩国公共采购服务中心发布了《韩国设施产业 BIM 应用基本指南书建筑 BIM 指南》，韩国虚拟建造研究院发布了《BIM 应用设计指南三维建筑设计指南》。

《Architectural BIM Guideline of Korea(韩国建筑领域 BIM 应用指南)》是由韩国国土海洋部发行，由 Building SMART Korea 和庆熙大学于 2010 年 1 月共同完成的，这份指南主要用来指导业主、施工单位和设计师等如何去具体实施 BIM 技术。目前该指南只有韩文版本。

《Architectural BIM Guideline of Korea》主要分为 4 个部分，分别是：业务指南、技术指南、管理指南和应用指南。业务指南详细说明了 BIM 计划的确立、业务步骤、业务标准和业务执行 4 个方面的内容。技术指南针对数据格式、BIM 软件、BIM 数据、信息分类体系和 BIM 信息的流通提出了指导性建议；管理指南针对事业管理、品质管理、交付物管理、责任和权限、成本等做了指引；应用指南给出了应用的案例和方法；

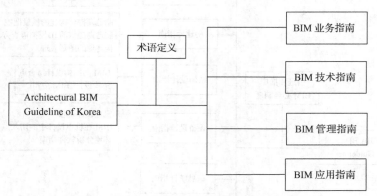

图 3-9　Architectural BIM Guideline of Korea 架构

3.2.2　我国 BIM 标准及指南

随着我国建筑业的不断发展变革，BIM 已成为建筑信息化的必要手段与发展方向。"不以规矩，不成方圆"，BIM 标准起到指导 BIM 技术发展、规范 BIM 应用的作用。

早在 2007 年，我国也针对 BIM 标准化进行了一些基础性的研究工作。中国建筑标准设计研究院提出了 JG/T 198—2007 标准，其非等效采用了国际上的 IFC 标准《工业基础类 IFC 平台规范》，主要是对 IFC 进行一定的简化。2008 年，由中国建筑科学研究院、中国标准化研究院等单位共同起草了

《GB/T 25507—2010 工业基础类平台规范》，等同于采用 IFC（ISO/PAS 16739：2005），在技术内容上与其保持一致，根据我国国家标准的制定要求，在编写格式上做了一些改动。2010 年，清华大学软件学院 BIM 课题组参照美国 NBIMS 标准提出了中国建筑信息模型标准框架（China Building Information Model Standards，CBIMS），如图 3-10 所示。其中技术规范主要包括 3 个方面的内容：数据标准（IFC）、信息分类及数据字典（IFD）和流程规则（IDM）。BIM 标准框架主要包括标准规范、使用指南和标准资源三大部分。该 BIM 标准框架融合技术与应用标准，将国际 BIM 标准三大支撑体系本土化，框架中的解决方案主要是为了解决构件资源数字化问题，使用指南则是为建模和制作构件提供相应的参考标准，对于具体的数据存储标准、流程标准尚未定义。

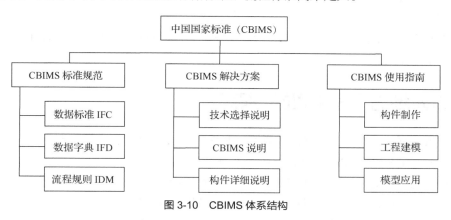

图 3-10　CBIMS 体系结构

2012 年 1 月，住房和城乡建设部发布《关于印发 2012 年工程建设标准规范制定修订计划》的通知，给出了国家级别 BIM 标准的制定计划，计划编写一个统一标准《建筑信息模型应用统一标准》，两个基础标准《建筑信息模型分类与编码标准》和《建筑信息模型存储标准》，3 个执行标准《建筑信息模型设计交付标准》《建筑信息模型制造工业设计应用标准》及《建筑信息模型施工应用标准》等国家级 BIM 应用标准，如图 3-11 所示。

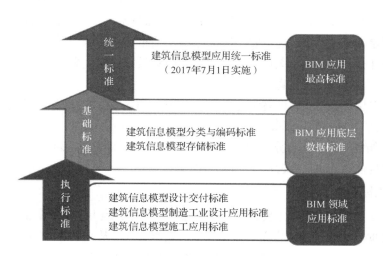

图 3-11　住建部主导的 BIM 国家标准

2016 年 12 月，《建筑信息模型应用统一标准》作为国家标准正式颁布，编号为 GB/T 51212—2016，自 2017 年 7 月 1 日起正式实施。《建筑信息模型应用统一标准》从模型体系、数据互用、模型应用等方面对 BIM 模型应用做了相关的统一规定，对促进我国 BIM 的深入应用和发展奠定坚实的基础。

其中，由中国建筑标准设计研究院承担编制的 BIM 国家标准《建筑信息模型设计标准》（以下简称《交付标准》）、《建筑信模型编码标准》（以下简称《编码标准》）已经编制完成，并且完成征求意见，目前正在讨论修改。这两大核心标准的编制完成标志着我国 BIM 技术领域将首次实现"车同轨，书同文"，对推动我国 BIM 技术的规范应用和行业科技进步具有重要的作用。

由中国建筑股份有限公司和中国建筑科学研究院会同国家建筑信息模型（BIM）产业技术创新战略联盟等单位编制的工程建设国家标准《建筑信息模型施工应用标准》，经过广泛征求意见阶段后，2017 年 5 月，住房与城乡建设部正式将《建筑信息模型施工应用标准》作为国家标准（编号为GB/T51235-2017）发布，自 2018 年 1 月 1 日起实施，该标准对建设工程施工阶段 BIM 应用将起到良好的规范和指导作用。

3.3 BIM 地方行业标准及指南

在欧美，BIM 项目的数量已超过传统项目，我国 BIM 项目的数量也在逐年增长，各地根据 BIM 应用的实际情况制定相应的 BIM 标准，已成为大势所趋。

地方标准是民用建筑设计施工中，BIM 应用的通用原则和基础标准。基于 BIM 的设计施工除应符合地方标准的规定外，还应符合国家和地方现行相关标准的规定。

目前我国已颁布的地方和行业标准（或指南）有《上海市建筑信息模型技术应用指南（2015 版）》《深圳市建筑公务署政府公共工程 BIM 应用实施纲要》《北京市地方标准——民用建筑信息模型设计标准》等。

3.3.1 地方行业标准的内容

BIM 实施的国家标准，从宏观上对 BIM 的应用做了定义和规范，但是各地区地方 BIM 标准则侧重本地行业应用实施的具体准则，是以国家通用原则和基础标准为基础的行业标准进行统辖和约束，给出明确的适用对象和应用范围。它主要用来规定以下方面。

（1）什么人在什么阶段产生什么信息，即为了使 BIM 技术在全生命期充分发挥价值，各参建方在各自建设阶段应该创建的建筑信息。

（2）信息应该采用什么格式，即各参建方在共用 BIM 信息模型的过程中，为了保证各方允许的信息共享，文件格式的统一是基础保障。

（3）信息应该如何分类。在计算机中保存非数值信息，如材质等需要涉及信息分类，同时为了有效管理大量的建筑信息，也需要遵循统一的分类标准。

1. 与国家相关标准衔接

地方标准需要结合地方特点，主要针对建设工程项目设计、施工、运营全生命期的 BIM 技术基本应用，描述了每项应用的目的和意义、数据准备、操作流程以及成果等内容。地方标准主要侧重 BIM 技术的基本应用，同时考虑与国家、地方已发布或在编标准的衔接。

2. 指导地方 BIM 的应用

地方标准指导各地方建设、设计、施工、运营和咨询等单位在政府投资工程中开展 BIM 技术应用，实现 BIM 应用的统一和可检验；作为 BIM 应用方案制定、项目招标、合同签订、项目管理等工作的参考依据；指导各地方开展 BIM 技术应用试点项目申请和评价工作；为起步开展 BIM 技术应用或没有制定企业项目 BIM 技术应用标准的企业提供指导和参考；为相关机构和企业制定 BIM 技术标准提供参考。

3.3.2 上海市 BIM 标准及指南案例

在我国，北上广深在 BIM 应用上一直走在前列，在国家标准还在酝酿阶段时，这些城市就根据国内外的相关标准和项目实践，相继颁布了相关领域的地方标准。上海先后出台了一系列的指南，具体参见本书第 1 章的 1.3.2 小节相关内容。

3.4 BIM 企业及项目标准

3.4.1 企业标准及指南的内容

BIM 的提出和发展，对建筑业的科技进步产生了重大影响。应用 BIM 技术，可以大幅度提高建筑工程的集成化程度，促进建筑业生产方式的转变，提高投资、设计、施工乃至整个工程生命期的质量和效率，提升科学决策和管理水平。对于投资，它有助于提升业主对整个项目的掌控能力和科学管理水平，同时还能提高效率、缩短工期、降低投资风险；对于设计，它能支撑绿色建筑设计，强化设计协调，减少因"错、缺、漏、碰"导致的设计变更，促进提高设计效率和设计质量；对于施工，它可以支持工业化建造和绿色施工、优化施工方案，促进工程项目实现精细化管理、提高工程质量、降低成本和安全风险；对于运维，它有助于提高资产管理和应急管理水平。目前，制定企业 BIM 标准已经成为企业提升管理水平的趋势，它能帮助企业在具体项目中减少工期、降低成本。企业 BIM 标准应该是在遵守国家 BIM 标准的基础上制定实施的。

企业 BIM 标准明确了在企业中组织实施管理 BIM 模型、团队架构、模型要求、管理流程、各参与方协同方式及各自的职责要求、成果交付标准等，为工程建设项目全过程、全专业和所有参与方提供了 BIM 项目实施标准框架与实施标准流程，并为 BIM 项目实施过程提供指导。

企业标准一般应包括以下内容。

（1）企业 BIM 组织框架及职责。包括 BIM 实施前的组织结构及职责、BIM 实施初期的组织结构及职责、BIM 整体实施后的组织结构及职责、新增 BIM 岗位职责及任职要求等。

（2）BIM 资源标准。包括 BIM 软件资源、IT 基础构架、企业 BIM 模型资源的信息分类及编码、企业 BIM 模型资源管理等。

（3）BIM 行为标准。包括基于 BIM 工作流程概述、投标阶段的业务流程、施工图阶段的业务流程、竣工阶段的业务流程、缄默标准、优化标准、应用标准、协同工作基础环境建设原则、内部协同标准、内部协同标准等。

（4）BIM 交付标准。包括 BIM 交付内容、BIM 模型各阶段交付深度、BIM 交付物数据格式、模型检查的内容及一般要求、BIM 商业合同编制目标及内容、工程设计中的 BIM 成果的知识产权归属、合同中涉及 BIM 交付内容的条款范本等。

3.4.2　企业标准及指南的作用

企业 BIM 标准对企业科技进步和转型过程中的 BIM 技术的应用和推广起到一定的促进作用，也给行业的发展带来巨大的推动力。

（1）制定 BIM 标准有助于规范企业 BIM 技术的应用，对推动企业 BIM 技术的发展有指导和引导意义。企业的 BIM 标准把企业应用过程中的成功做法及已形成的标准成果提炼出来，形成条文，以指导进一步的 BIM 工作。

（2）BIM 标准具有评估监督作用，可规范企业工程项目的工作，为工作的质量、效果提供评判基准。

（3）企业制定相应的 BIM 标准，规范建筑产品信息模型及相关体系，成为建筑生产行业与建筑产品应用行业进行产品信息交流的纽带，有利于建筑生产行业与建筑产品应用行业的信息化对接，促进产品规范性、应用性、实用性和适用性的提升。

（4）企业 BIM 标准是推动企业 BIM 技术落地、规范应用、快速推广的重要手段。BIM 标准在企业中的应用可实现建筑全生命期各参与方在同一多维建筑信息模型基础上的数据共享，促进建筑产业链贯通和工业化建造，对企业技术进步及国家技术体系的建立具有很重要的意义。

国内外很多企业、高校等都建立了自己企业内部的 BIM 标准或应用指南，下面以美国印第安纳大学以及中国中建总公司 BIM 标准为例，介绍企业 BIM 标准的主要内容。

3.4.3　美国印第安纳大学 BIM 指南与标准

自 2008 年以来，美国的一些大学开始在建设项目上使用 BIM 技术。在建设项目使用该技术，提高了建筑质量，而且减少了现场施工过程中的变更，而这些变更常常会增加巨额的投资。编者在美国访学期间，重点关注了美国 BIM 的标准及各企业的落地情况，甚至一些高校，如麻省理工学院、印第安纳大学、普林斯顿大学等率先制定了自己的 BIM 标准和指南，从团队使用的 BIM 软件、编辑软件、BIM 信息的沟通方式、BIM 流程的管理、提交成果的时间表和关键点等做了较为完善的规定。

以印第安纳大学（Indiana University，IU）标准及指南为例，该标准第一版是于 2009 年制定的，现行的版本是于 2012 年 7 月修订的。标准规定，超过 500 万美元的项目必须实施应用 BIM，并且鼓励其他的项目也实行 BIM，目的是未来的所有工程项目都必须实施应用 BIM（图 3-12 所示为 IU BIM 指南与标准）。标准在第一节中规定了设计团队在印第安纳大学的项目中需要使用参数化的 BIM 应用软件、编辑软件、BIM 信息的沟通方式。BIM 编辑软件使用 Revit，项目的协调软件采用印第安纳大学自己开发的 ProjectDox 软件平台。所有 BIM 项目模型交付的文件格式是 RVT（Autodesk Revit）。在第二节中定义了 BIM 执行进程，包括 BIM 执行计划、IPD 集成项目交付计划、模型的质量、能源需求及设计团队的交付时间表和里程碑。在第三节中定义了工程项目不同阶段 BIM 应用的目标，对概要设计阶段、标准设计阶段、详细设计阶段、施工图设计阶段、招投标阶段、施工阶段及竣工阶段的 BIM 应用做了详细的规定。在第四节中，对各阶段的相关文件、BIM 模型和项目设备数据开发的所有权做了明确规定。

（1）IU BIM 应用指南中首先明确应用范围和准则。

指南中指出 "此 BIM 指南和标准适用于 2009 年 10 月 1 日及以后印第安纳大学启动的项目：所有建设项目（新建的、拟建的或者改建的）都会被资助至少 500 万美元，这同样适用于任何满足 BIM

要求且已经交付的项目。在其他所有项目中，我们也鼓励使用 BIM。（印第安纳大学的目标是到 2011年，IU 的所有项目都应用 BIM ）"

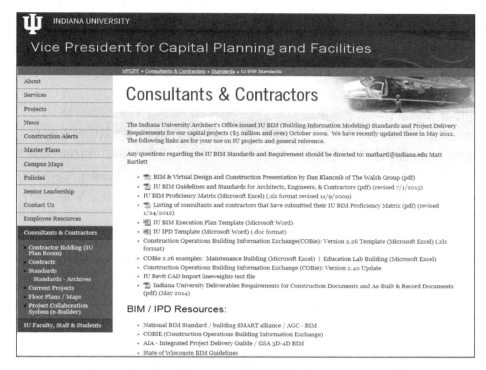

图 3-12　IU BIM 指南与标准

（2）对设计团队、软件、地理参照模型、协同工具做了相关要求。

所创建的建筑信息模型应该包括所有的几何特性、物理特性和用来描述设计和施工工作所需的数据。评估、审查、招标和施工需要的全部图纸、计划表、模拟和操作都应该从这个模型中提取。设计团队在进行 BIM 相关操作时，应当遵守 BIM 指南和要求中的详细条款。

创建的建筑信息模型应该包括建筑物的所有几何特性、物理特性和用来描述设计和施工工作所需的数据。评估、审查、招标和施工所需的图纸和计划表应从这个模型中提取。使用的软件应可以与设计团队的 BIM 编辑软件进行交互。在任何情况下，对建筑和基础设施系统创建的模型可供团队核实审查，分析冲突/碰撞，妥善协调项目中其他方面的工作。在涉及 BIM 相关服务时，设计团队应当遵循指南和要求文件中的详细条款。交付标准应符合印第安纳大学专业服务合同（交付部分）和印第安纳大学竣工要求和标准条件中的规定。

对于印第安纳大学的项目，设计团队需要使用规定的 BIM 核心建模软件。对于所有的 BIM 的项目模型，交付的文件格式应该为.RVT（Autodesk Revit）。

设计团队应参照如下总设计图和建筑模型：布卢明顿分校和西北（Gary）校园——印第安纳州韦斯平原、NAD 1983 英尺高的坐标系统和 1983 北美基准；哥伦布市东（里士满）、科科莫、南本德和东南（新奥尔巴尼）——印第安纳平原东部，NAD 1983 英尺高的坐标系统和 1983 北美基准。

设计和施工团队需要使用印第安纳大学的电子项目协作环境——projectDox软件来管理和共享文件、审查工具、进行项目沟通，和使用内置的 NWD 格式阅读器（Navisworks）来查看 3D 的 BIM 模型。

（3）明确了项目 BIM 实施的执行计划、交付计划、模型质量及节能要求。

设计团队应该在 30 天内向印第安纳大学提交 BIM 执行计划。此 BIM 执行计划的模板可以从指定网站下载。BIM 执行计划在提交后 14 天内将由印第安纳大学进行审核和批准。BIM 执行计划应确定整个设计团队包括所有咨询工程师和专业顾问。如果设计团队没有确定，执行计划中就应该包括合同各方所扮演的角色和承担的责任。BIM 执行计划将是最终投标文件的一部分。

设计团队应该在 30 天内向印第安纳大学提交一个 IPD（集成项目交付）方法计划，并明确模型质量和要求。

设计团队应与印第安纳大学合作建立项目具体的能源目标和能源使用的目标。设计团队还应当设计一个能量建模方法，该方法应包括在 BIM 执行计划中，BIM 执行计划详细描述项目的能源建模是如何实现的。项目的能源建模所需的软件应该是美国能源、能源效率和可再生能源部规定的软件。设计师也可以使用能源部 DOE-2 的基础软件：Green Building Studios、Ecotect 和 eQuest。

（4）明确了方案设计、初步设计、深化设计和施工图阶段的具体要求。下面以深化设计阶段为例进行介绍。

① 基本要求

设计团队将进一步完善他们的建筑信息模型。模型继续使用参数化来自动生成所有平面图、剖面图、立面图、明细表、时间表和 3D 视图。除了说明书以外，这些模型还应包含其他用来描述深化设计阶段的所有信息，这些信息应以图形或文字的形式存在，并且可以从模型中提取。模型的参考资料不应出现在 BIM 核心建模软件之外。

② 建筑系统

模型的建筑元素应该达到准确描述建筑意图和代表解决方案的水准。满足这些元素的细节要求，应在 BIM 执行计划中充分详述。

a. 建筑总平面图的设计（见下文土木工程部分）

铺砌、级别、人行道、人行道的镶边、排水沟、场地设施及其他典型要素包括附近建筑物的总平面图。

b. 现有设计状况应满足 3.1.4 中的要求。

c. 拆迁项目应满足 3.1.4 中的要求。

d. 平面图应该包括建筑新的内外墙，但不应仅限于此。新建的内外墙至少应包含下列信息。

● 门、窗、洞口：在不考虑墙内外层表面厚度、日照因素和内外悬挑等情况下，墙图中应该包含建筑所有的饰面护墙、幕墙、预制板等。

e. 平面图也应该包含地板、天花板和屋顶系统，但不应仅限于此。如果不由结构工程师提供，就一并集成到建筑模型进行协调。结构布置如下所述。

● 隔墙、天花板、楼层信息应该包含于图中。

● 如果需要的话，应对屋顶、地板和天花板的斜坡进行建模。

● 应对拱腹、洞口和配件进行建模。

f. 电梯、楼梯、坡道应包含扶手系统。

g. 生活环境、货架及室内的其他元素。

h. 家具、固定装置和设备，没有另外提供的并纳入建筑模型协调。

● 家具（固定和移动的）。

- 家具系统。

- 特殊设备（餐饮服务、医疗等）。如果工程师要求，应对建筑空间要求的机械、电气和管道（厕所/水池/等）、颜色/表面涂饰选择（百叶，扩散器等）和影响 3D 可视化的设备（照明灯具）进行建模。

- 门摆动、服务空间的间隙区域要求、压力表读数和其他业务的间隙必须被建模为所有设备的一部分，并且检查是否与其他元素冲突。这些间隙区域应建模为对象之内不可见的固体。

③　建筑结构

对下列结构单元进行建模。所需的每个细节和各方的责任要在 BIM 执行计划中明确表述。

a.　基础。例如：扩展基础、箱型基础、桩基础、筏板基础、承重墙基础。

b.　框架。例如：钢柱（有正确的形状和大小）、钢地板 C-搁栅、空腹托梁、桁架梁、钢梁（有正确的形状和大小）。

c.　预制混凝土构件（除非空心板与机械系统相协调，空心部位需要与设施相协调外，在其他条件下，空心板可以建模为一个平板）。

d.　现浇混凝土构件。

e.　地面。包括整体范围和开口。

f.　对木地板进行建模。

g.　木桩/柱、木托梁、木构架、实木或复合木梁。

h.　墙类型，包括开口墙、承重墙。

i.　以下几项可以由设计团队进行建模：

- 钢筋混凝土模型

- 嵌入混凝土

- 多种类的钢筋

- 不同种类的钢的开口位置和开口角度、钢板及轴承等

- 结构和机械设施之间应相互协调

- 过梁（除非是作为主要构件存在）

④　暖通空调系统

至少要对下列 HVAC 的部分进行建模。所需的每个细节和各方的责任要在 BIM 执行计划中明确表述。

a.　设备

风机、空调系统、压缩机、制冷机、冷却塔、空调等。

b.　分布

- 供给、退货、排气、外界空气管道外表面尺寸或保温风管（以较高者为准）。

- 管道接点、扩散器、格栅、百叶、抽油烟机、辐射板、周边单位、墙的组合。

c.　管道直径大于等于 3/4 的标准直径时，除非 BIM 执行计划中有说明，否则模型中应全部包含。

d.　出入通道、门摆动、空间服务要求的间隙区、压力表读数和其他业务的间隙必须被建模为 HVAC 的一部分，并且检查与其他元素的冲突。这些间隙区域应建模为对象之内不可见的固体。

⑤　电气系统

至少应对下列电器元件进行建模。在 BIM 执行计划中对所需的每个细节和各方的责任有明确的表述。

a. 电力和通信

室内外变压器，应急发电机和其他设备；

主要配电盘和开关设备要有活动间隙；

主 IDF；

除非 BIM 执行计划另有说明，否则馈线和管道应超过 3/4 直径；

插座、开关、接线盒。

b. 照明

永久性安装的照明灯具（移动或插入式灯具，除非需要插头负荷计算或要达到松散的家具布置的目的，否则不必将其建模为电气系统的一部分。照明方案应该在 BIM 执行计划内部讨论并商定）。

照明控制；

开关；

接线盒。

c. 火灾报警和安全系统

输入装置；

提醒装置；

相关的设备和访问间隙；

永久性的装置；

建筑控制装置。

d. 出入通道、门摆动、空间服务要求的间隙区、仪表读数、气门空隙和其他操作间隙应被建模为电器系统的一部分用来做碰撞检测。这些间隙区域应建模为对象之内不可见的固体。

e. 建筑控制

间隙区域访问、转门效果、服务空间需求、仪表读数、气门间隙和其他操作间隙必须建模为电器设备碰撞检查的一部分。这些间隙区域应该被当作对象内的无形固体来建模。

⑥ 管道和消防

至少可以模拟下面的管道和消防元素。为了满足建模需求，在 BIM 执行计划中，细节和责任应该明确。

a. 污水及通风管：管道尺寸为 3/4 直径或以上，包括任何绝缘模型，除非 BIM 执行计划中另有注明。

b. 屋顶、地漏、引线、池、隔油井、储水池、给水处理和其他成品。

c. 给水：管道尺寸为 3/4 直径或以上，包括任何绝缘模型，除非 BIM 执行计划中另有注明。

d. 家用升压泵。

e. 设备：水槽、卫生间设备、水箱、楼板水槽。

f. 消防：洒水管线为 3/4 直径或以上。洒水喷头、消防水泵。

g. 竖管、室内消火栓、消防连接件、升管，包括气门间隙。

h. 间隙区域访问、转门效果、服务空间需求、仪表读数、气门间隙和其他操作间隙必须建模为管道、消防保护系统并检查与其他元素的冲突的部分。

⑦ 专业咨询顾问

模拟下面的专业顾问元素来更正尺寸和位置。其中的一些项目可能存在于上述系统中并应该在

BIM 执行计划中讨论。

　　a.　设备的提供或指定由顾问决定

　　b.　画出电力、数据、通信、供水和废水、天然气、蒸汽或其他需要的工具的连接点。

　　c.　专业顾问建模的程度应与设计团队协调且在 BIM 执行计划中进行描述。

　　d.　间隙区域访问、转门效果、服务空间需求、仪表读数、气门间隙和其他操作间隙必须建模为设备和检查与其他元素冲突的一部分。

　　⑧　土木工程

至少为以下土木工程元素建模：

　　a.　地形—3D 地形的场地设计工作，包括挡土墙。这个模型应该包括有助于场地排水的系统或对场地有其他影响的现场和周边地区。在大多数情况下，还要求为相邻的道路建模。

　　b.　景观元素：种植区，如凸起的种植床和堤坝，停车岛屿，水池/池塘/其他水文要素，梯田和其他物品不包括在模型中。

　　c.　雨水管理结构、泵站、燃料系统、检修孔等重大项目，影响对整个项目的理解或可能成为工程设计约束。在任何时候，所有的建筑项目，所有的元素可以看作是覆盖在印第安纳大学建筑信息模型和 GIS 系统的准确定位。

　　⑨　能源建模

　　a.　基本需求

设计开发阶段能量模型应当建立模型开发的方案设计阶段。这种能量模型完成后应足够应付额外的提交，如 LEED EA Credit1 的计算，应为 LEED 认证进行建筑申请。这个模型应当足够详细并确定入住后建筑能源使用的近似指标，这个模型还应作为未来一个基线便于进行比较。建筑完成后，入住率最低的一年，靠这个模型评估实际建筑性能。这个模型应当作为一种促进入住后的调试建模和实际的能源使用产生之间差异的工具。建议在这方面谨慎处理，如果偏离设计天气、入住率、插头负载，时间表，电力和燃料成本等因素，将影响实际的能源使用。

　　b.　额外的建模需求

除了在方案设计阶段，项目要提交内容外，设计发展模式还应当包括节能措施（ECMs）。ECMs 应当用来评估节能控制策略和附加组件、生命周期成本（LCC）和投资回报（ROI）成本。

　　⑩　学科冲突报告

　　⑪　程序和空间验证

设计团队将使用 3.2.4 描述的方法确认程序。

　　⑫　其他分析和检查工具

鼓励设计团队使用软件来分析设计，这些软件可以与模型进行交互，以完善负荷计算，并解决采光、自然通风、声学、代码问题、设计问题。

　　⑬　系统成本估算

设计团队应当使用 BIM 编辑软件和其他 BIM 集成工具提取信息用于支持比较成本分析的研究。输出应当转换为电子表格和这个阶段结束时可交付使用的一部分。

　　⑭　COBIE 设计数据

设计开发集必须更新为 COBIE 方案设计集。从注册表应当能确定设备安装的类型。组件工作表应确定在设计开发阶段的各个主要部分的设备。应提供以下工作表。

    a. 设备：在文件中引用的设备；

    b. 地板：垂直水平面的描述；

    c. 空间：项目中引用的空间；

    d. 系统：项目中引用的系统；

    e. 注册：材料/设备/等类型（提交注册）；

    f. 组件：分别命名为材料和设备。

由于篇幅原因，上面只列出了 IUBIM 应用指南的部分细节，但可以看出该指南对于 IU 建设项目的 BIM 应用起到了很好的指导和规范作用。

思考与练习

  1. 单选题

（1）关于 BIM 标准的种类，对于发布的 BIM 标准，目前在国际上主要分为_____类。

    A. 二   B. 三   C. 四   D. 五

（2）IFC 模型结构从低到高依次分为_____层次。

    A. 核心层、互操作层、领域层、资源层

    B. 互操作层、领域层、资源层、核心层

    C. 领域层、资源层、核心层、互操作层

    D. 资源层、核心层、互操作层、领域层

（3）《美国国家 BIM 标准》（NBIMS），将建筑工程信息模型精细度（LOD）分为五个等级，LOD500 建议在建筑工程_____阶段使用。

    A. 勘察/概念化设计

    B. 初步设计/施工图设计

    C. 工程结算

    D. 虚拟建造/产品预制/采购/验收/交付

  2. 多选题

（1）行业数据技术标准主要分为_____，它们是实现 BIM 价值的三大支撑技术。

    A. IMC（Information Management Class，信息管理类）

    B. IFC（Industry Foundation Class，工业基础类）

    C. IDM（Information Delivery Manual，信息交付手册）

    D. IEC（Industry Element Class，工业构件类）

    E. IFD（International Framework for Dictionaries，国际字典）

（2）技术标准 IFC（Industry Foundation Classes，工业基础分类）、IFD（International Framework for Dictionaries，国际语义框架）、IDM（Information Delivery Manual，信息交付导则）分别对应国内的_____标准。

    A.《建筑工程信息模型存储标准》

    B.《建筑工程设计信息模型分类和编码标准》

　　　C.《建筑信息模型应用统一标准》

　　　D.《建筑工程设计信息模型交付标准》

　　　E.《建筑信息模型施工应用标准》

（3）截至 2017 年 12 月，我国已经颁布实施的 BIM 国家标准有_____。

　　　A.《建筑信息模型应用统一标准》

　　　B.《建筑信息模型分类与编码标准》

　　　C.《建筑信息模型存储标准》

　　　D.《建筑信息模型设计交付标准》

　　　E.《建筑信息模型制造工业设计应用标准》

　　　F.《建筑信息模型施工应用标准》

3. 问答题

（1）IFC 的主要概念是什么？BIM 与 IFC 的联系与区别？

（2）什么是分类和编码标准？为什么要制定分类和编码标准？分类和编码标准中，分类和编码的原则是什么？

（3）BIM 模式下图纸的交付内容是什么?BIM 模型中交付的数据格式有哪些?

（4）在不同阶段，BIM 模型的精细度分别是什么？

（5）为什么要制定 BIM 国家标准？BIM 国家标准包含哪些内容？BIM 国家标准与其他标准之间的关系？

（6）BIM 地方标准适用于哪些方面？BIM 地方标准在哪些方面体现其优势？

（7）制定 BIM 企业标准的必要性有哪些？

（8）BIM 建模在各专业上的注意事项是什么？

04 第4章　BIM应用软硬件配置

BIM 的应用主要是基于三维的工作方式，其模型文件的大小从几十 MB 到上千 MB，故 BIM 应用无论是对计算机硬件的计算能力和图形处理能力，还是对 BIM 应用的软件体系，都提出了很高的要求。

为了能更好地完成 BIM 应用项目，合理地配置软硬件尤为重要，本章根据 BIM 工程应用实践，就常见的 BIM 软件应用及所需的硬件配置，给读者提出建设性的方案和建议。

4.1 BIM 应用软件选择

选择 BIM 应用的软件，是 BIM 应用的首要环节。目前，BIM 应用的各类软件种类繁多，且主要以国外的软件为主。当然，近年来随着我国 BIM 软件业的蓬勃发展，也涌现出了一大批优秀的软件。那么在选用过程中，针对企业或项目特性选择适合的软件，是十分重要的。下面围绕在 BIM 软件选用过程中，应遵循的原则与方法，再结合现阶段市场上几款主流的软件进行阐述。

4.1.1 软件选用的具体实施步骤

（1）全面调研了解市场上现有的国内外各大主流 BIM 软件及其应用现状，调研内容可包括：软件体系、软件功能、数据交换能力、二次开发拓展空间、本土化程度、市场占有率及软件未来发展空间等。

（2）结合企业自身主营业务及领域、发展战略规划及应用需求，对软件及其要求的配套硬件部署的成本、投资回报率及软件的培训成本等进行客观合理的分析与评估，初步筛选出适合的 BIM 软件工具集。

（3）对初步筛选出来的软件进行测试或试点应用，测试过程应充分结合企业自身生产经营流程与现有管理模式，对软件的易用性、稳定性、系统性能、实用性及与原有资源（软件）的兼容性等进行测试（应形成测试报告），且应便于后期维护、升级和拓展。

（4）软件工具集经充分测试后，应形成最终的 BIM 软件选用方案，报审后部署实施。

4.1.2 BIM 常用软件

根据工程应用实践，给出表 4-1 所示的常用 BIM 软件功能解析表。

1. **按软件体系分类**

（1）美国 Autodesk 公司系列软件，如 Revit、Navisworks 和 Civil 3D 等。

Revit 系列软件是民用建筑领域最为常用的 BIM 建模软件，最早由建筑、结构、机电 3 个模块组成，后整合为一款软件。其优点是平台开放，支持二次开发，故基于 Revit 开发的二次插件非常多。它的建模原理是组合，就像乐高积木一样，其建模过程可以理解为是把一个个基础组件拼成一个模型，但也正因为如此，使用其创建异形建筑就比较困难。

Civil 3D 主要用于地形、场地、道路的建模，以及土方平衡及雨水分析等。

Navisworks 软件主要用于漫游、碰撞检测和施工模拟；它能将多种不同格式的模型文件合并在一起，然后实现相关的功能应用。

（2）美国 Bentley 系列软件，如 AECO sim Building Designer、Navigator 等。

AECO sim Building Designer（简称 ABD）完全内置了 MicroStation，内嵌了建筑、结构、设备、电气 4 个模块，界面简洁明了，且自带碰撞检测功能，造型功能也非常强大。

Navigator 软件与 Autodesk 公司的 Navisworks 软件功能类似，主要用于漫游、碰撞检测和施工模拟。

表 4-1　常用 BIM 软件功能解析表

所属公司	软件	主要功能表述	模型创建						专业功能优势分析				功能应用					备注
			建筑	结构	机电	钢结构	幕墙	装饰装修	三维场布	土方平衡	钢筋管理	模架设计	碰撞检测	3D 协同漫游检查	进度管控	4D 模拟	综合管理	
国外软件 — 美国 Autodesk	Revit	创建建筑、结构、机电模型	●	●	●			○			○		○					
	Advance Steel	创建钢结构模型				●												
	Navisworks	协同管理											●	○		●	○	
	Civil 3D	规划地形、场地、道路、土方							●	●								
	BIM360 GLUE	激光检查												●				
	BIM360 Field	施工现场管理															○	
美国 Bentley	AECOsim	创建建筑模型	●															
	Building	创建结构模型		●														
	Designer	创建机电模型			●													
	ProSteel	创建钢结构模型				●												
	Navigator	协同管理											●	○		●	○	
美国 Trimble	Tekla	创建钢结构模型				●												
	SketchUp	三维场布、建筑辅助	○						●					○				
美国 Robert McNeel	Rhino	创建建筑、装饰模型					●	●						○				
美国 Microsoft	Project	项目管理、进度计划管理													●			
美国 Primavera System Inc	Primavera 6.0	项目管理、进度计划管理													●			
法国 Dassault System	CATIA	创建建筑模型	●				●											
	Digital Project	创建玻璃幕墙模型												○				
	DELMIA	4D 仿真												○		●		
	ENOVIA	协同管理															●	
德国 RIB 集团	iTWO	协同管理、造价												○		?	●	
芬兰 Solibri 公司（现隶属于德国 NEMETSCHEK 集团）	Model Checker	模型检测																合规性检测
	Model Viewer	模型浏览												●				
	IFC Optimizer	IFC 优化（模型协同）																参数检查优化
	Issue Locator	审阅																

续表

	所属公司	软件	主要功能表述	建筑	结构	机电	钢结构	幕墙	装饰装修	三维场布	土方平衡	钢筋管理	模架设计	碰撞检测	3D协同漫游检查	进度管控	4D模拟	综合管理	备注
				模型创建						功能应用									
国外软件	匈牙利 Graphisoft（现隶属于德国 NEMETSCHEK 集团）	ArchiCAD	创建建筑模型	●				◎	◎										
	荷兰 ACT-3D 公司	Lumion	三维展示						◎										
	日本式会社 NYK 系统研究所	Rebro	创建机电模型			●									●				
国内软件	中国建筑科学研究院北京建研科技股份有限公司	PBIMS	创建建筑、结构模型	●	●	◎		◯							◎				
		PKPM-BIM 综合管理平台	协同管理												◎		◯	●	
		PKPM 三维现场平面图设计	三维场布							●					◎				
	盈建科	YJK	结构		●														
	迈达斯	MIDAS	结构		●														
	广联达	FastTFT	土方计算								●								
	（Progman Oy）广联达	MagiCAD	创建机电模型			●								◎	◎			●	
	广联达	BIM5D	协同管理、造价				●			●				◎	◎		◯		
		广联达钢筋翻样	钢筋翻样									●							
		广联达模架系统	模架设计										◎						
	鲁班	鲁班 BIM 系统	建筑、结构、机电、造价	●	●	●								?	◎			●	
		Iban 管理平台	协同管理、造价												◎		◯		
	鸿业科技	BIMspace	机电设计											◯	◎			●	
	上海祚研科技	EBIM 平台	协同管理												◎			●	
	重庆市筑云科技有限责任公司	Fuzor	协同漫游、4D 模拟												●		●		
	北京达美盛软件股份有限公司	synchro	施工模拟												◎		●		
	杭州品茗安控信息技术股份有限公司	品茗 P-BIM 模架系统	模架设计										●		◎				
	汇诚软件科技有限公司	钢筋翻样计算尺	钢筋翻样									●							

图例：● 软件在对应的专业领域功能比较完善，可作为首选软件；

　　　◎ 软件在对应专业领域功能还有待完善，可作为备选或辅助软件；

　　　◯ 软件在对应专业领域功能较弱，不建议选择。

（3）美国 Trimble 公司的系列软件，如 Tekla、SketchUp 等。Tekla 主要应用于创建钢结构模型；SketchUp 多用于三维场布或配合创建建筑模型。

（4）Rhino 是由美国 Robert McNeel 公司于 1998 年推出的一款基于 NURBS 的三维建模软件，中文名称为犀牛，是一个"平民化"的高端软件，相对其他的同类软件而言，它对计算机的操作系统没有特殊要求，对硬件配置的要求也并不高，在安装上更不像其他三维软件那样有着庞大的"身躯"，动辄占用几百 MB，Rhino 只需占用二十几 MB 即可，在操作上更是易学易懂。它可以创建、编辑、分析和转换 NURBS 曲线、曲面和实体，并且在复杂度、角度和尺寸方面没有任何限制，支持 DWG、DXF、3DS、LWO、STL、OBJ、AI、RIB、POV、UDO、VRML、TGA、AMO、TGA、IGES、AG、STL、RAW 等文件格式，适用于复杂建筑曲面模型创建、玻璃幕墙及装饰装修等专业三维设计。

（5）法国 Dassault System 公司的系列软件，如 CATIA、Digital Project 等。

CATIA 是法国达索公司的产品开发旗舰解决方案，是目前全球大型航空工程项目系统以及汽车制造产业中应用最为广泛的模型平台。它提供的多模型链接的工作环境及混合建模方式，使得并行工程设计模式已不再是新鲜的概念，由于 CATIA 提供了智能化的树结构，加上其变量和参数化混合建模的特性，使得设计者在 CATIA 的设计环境中，不必考虑如何参数化设计目标，CATIA 提供了变量驱动及后参数化能力，无论是实体还是曲面，均做到了真正的互操作，故 CATIA 多用于曲面及异形建筑设计。

Digital Project 简称 DP，达索公司把 CATIA 中所有建筑能用到的部分全部独立了出来，并进一步强化，开发了 Digital Project 这款软件，专门用于建筑，特别是在对玻璃幕墙的处理方面，其优势非常明显。它具有强大的施工管理架构，可以处理大量复杂的几何形体；具备大规模的数据信息库管理能力，可以使建筑设计的过程拥有良好的沟通性；同时还具备强大的 API 工程，供使用者开发附加功能；而其强大且完整的参数化构件能力，可以直接整合大型且复杂的模型构件并予以控制与运作。

（6）匈牙利 Graphisoft（图软）公司的系列软件，如 ArchiCAD 等，常用于建筑基础建模，也用于幕墙及装饰装修基础建模。它在结构和机电方面的功能相对较弱，与 Revit 相比，它最大的特点就是有图层概念，这对用惯了 CAD 的设计师来说，更容易上手。

（7）中国建筑科学研究院建研科技股份有限公司的 PBIMS、PKPM-BIM 等系列软件。PBIMS 属于基础建模软件，其内嵌了建筑、结构、机电建模模块，但机电模块相对而言功能较弱；而 PKPM-BIM 是一款施工全过程综合管理协同平台软件，也是目前国内拥有自主知识产权，比较有代表性的一款综合协同管理平台。

（8）广联达公司的系列软件，如 MagiCAD、BIM 5D 等。MagiCAD 原隶属于芬兰普罗格曼公司，后被广联达收购，主要用于创建机电工程各专业的基础模型，且自带强大的全专业碰撞检测功能。BIM 5D 由广联达自主开发，是一款施工过程管理协同平台软件，也是目前市场上较为主流的综合管理协同平台软件。

（9）鲁班系列软件，如 Luban Architecture、Luban MEP、Luban Steelwork、Iban 平台等系列软件。前三款软件分别应用于创建施工阶段的土建、机电、钢结构等基础模型，Iban 平台主要用于施工过程中的协同管理。

（10）鸿业同行科技系列软件，如 BIMspace 等。其主要是为了解决 Revit 上手慢、效率低的问题而开发的，主要用于机电设计方面。在族库管理上，提供本地、客户和服务器端的族库管理。其强大的系统计算及出图标注等功能，基本上遵循现阶段大部分设计院机电设计师的设计习惯。但其缺点是基于 Revit 开发，碰撞检测只能实现两两专业间碰撞，如果想实现像 MagiCAD 一样的全专业碰撞，必须借助于 Navisworks 等第三方平台实现。

2. 按应用层级分类

（1）基础应用级软件（也就是基础建模软件），如 Revit、Civil 3D、AECOsim、Building、Designer、Tekla、Rhino、CATIA、Digital Project、ArchiCAD、MagiCAD、BIMspace 等，均属于各个领域、各个专业的基础应用级软件，即基础建模软件。

（2）平台应用级软件，国内的有建研科技的 PKPM-BIM、广联达的 BIM5D、鲁班的 Iban、上海译筑科技的 EBIM 等较为典型的综合管理协同平台；国外的有美国 Autodesk 公司的 Navisworks、BIM360GLUE、BIM360 Field 等，美国 Bentley 公司的 Navigator，法国 Dassault System 的 ENOVIA，德国 RIB 集团的 iTwo 等协同平台。

受制于国外相关平台软件引进我国存在的本土化问题，现阶段国内协同平台的选择还是以国产软件为主。

3. 按应用领域分类

（1）民用建筑一般用 Autodesk Revit（美国 Autodesk 公司）系列软件居多，当然也有一部分选择匈牙利 Graphisoft（图软）公司的 ArchiCAD 系列软件。

（2）工业（工厂）设计和基础设施等大型项目一般使用 Bentley 系列软件居多。

（3）还有一些项目由于外观设计独特，完全异形，且预算也比较充裕，可选择法国 Dassault System 公司的 CATIA 或 Digital Project（多用于建筑及玻璃幕墙），或美国 Robert McNeel 公司的 Rhino 软件。

（4）钢结构设计一般采用美国 Trimble 公司的 Tekla 软件。

4.2　BIM 应用的硬件配置及网络环境

施工企业 BIM 硬件环境包括：客户端（个人计算机）、服务器、网络及存储设备等。BIM 应用硬件和网络在企业 BIM 应用初期的资金投入相对较大且较为集中，对后期的整体应用效果影响较大。鉴于目前 IT 技术的快速发展，硬件资源的生命周期越来越短，故在 BIM 硬件环境建设中，既要考虑 BIM 对硬件资源的要求，也要结合企业未来发展与实际需求进行考虑；既不能盲目追求"高大上"，也不能过于保守，以避免企业资金投入过大带来浪费，或因资金投入不足带来的内部资源应用不平衡等问题。

施工企业应当根据整体信息化发展规划，以及 BIM 应用对硬件资源的要求整体考虑。在确定选用的 BIM 软件系统以后，整体规划并建立适应 BIM 应用需要的硬件资源及其组织架构，优化投资，在适用性和经济性之间找到合理的平衡，实现企业硬件资源的合理配置，为企业的长期信息化发展奠定良好的硬件资源基础。

4.2.1　基本配置

当前，采用个人计算机终端运算、服务器集中存储的硬件基础架构较为成熟，其总体思路是：在个人计算机终端中直接运行 BIM 软件，完成 BIM 的建模、分析及计算等工作；通过网络，将 BIM 模型集中存储在企业数据服务器中，实现基于 BIM 模型的数据共享与协同工作。

　　该架构方式技术相对成熟、可控性较强，可在企业现有的硬件资源组织及管理方式基础上部署，实现方式相对简单，可迅速进入 BIM 实施过程，是目前施工企业 BIM 应用过程中的主流硬件基础架构。

　　但该架构对硬件资源的分配相对固定，不能充分利用企业硬件资源，存在资源浪费的问题。基础架构对个人计算机、数据服务器及配套设施的要求如下。

1. 个人计算机要求

　　BIM 应用对计算机运行性能的要求较高，主要包括：数据运算能力、图形显示能力、信息处理数量等几个方面。企业可针对选定的 BIM 软件，结合相关人员的工作进行分工，配备不同的硬件资源，以达到 IT 基础架构投资的合理性价比。

　　软件厂商提供的硬件配置要求，一般只是针对计算机，未考虑企业 IT 基础架构的整体规划。因此，计算机升级应适当，不必追求高性能配置。建议施工企业采用阶梯式硬件配置，将硬件配置分为不同级别，即基本配置、标准配置、专业配置。表 4-2 给出了典型软件方案下推荐的硬件配置，其他选定的 BIM 软件可参考此表。此外，对于少量临时性的大规模运算需求，如复杂模拟分析、超大模型集中渲染等，企业可考虑通过分布式计算的方式，调用其他暂时闲置的计算机资源共同完成，以减少高性能计算机的采购数量。

表 4-2　典型软件方案下推荐的硬件配置

配置档次　　　项目		基本配置	标准配置	高级配置
BIM 应用		（1）局部设计建模 （2）模型构件建模 （3）专业内冲突检查	（1）多专业协调 （2）专业间冲突检查 （3）常规建筑性能分析 （4）精细渲染	（1）高端建筑性能分析 （2）超大规模集中渲染
适用范围		适合企业大多数设计人员	适合各专业设计骨干人员、分析人员、可视化建模人员使用	适合企业少数高端 BIM 应用人员使用
Autodesk 配置需求 （以 Revit 为核心）	操作系统	Microsoft Windows 7 以上 64 位	Microsoft Windows 7 以上 64 位	Microsoft Windows 7 以上 64 位
	CPU	多核 Intel Core i5 以上处理器或性能相当的 AMD SSE2 处理器	多核 Intel Core i7 以上多核、Intel Xeon E3 以上处理器或性能相当的 AMD SSE2 处理器	多核 Intel Xeon E3 以上处理器或性能相当的 AMD SSE2 处理器
	内存	8GB RAM	16GB RAM	32GB RAM
	显示器	1 280×1 024 真彩或更高	1 680×1 050 真彩或更高	1 920×1 200 真彩或更高
	显卡	基本：支持 24 位彩色 高级：支持 DirectX 10.1 及 Shader Mode13 显卡，显存 2GB 以上	支持 DirectX 10.1 及 Shader Mode13 显卡，如 GTX980 芯片，显存 4GB 以上	专业显卡，如 Quadro M2000M 或更高配置，显存 4GB 以上
达索配置需求 （以 CATLA 为核心）	操作系统	Microsoft Windows 7 以上 64 位	Microsoft Windows 7 以上 64 位	Microsoft Windows 7 以上 64 位
	CPU	多核 Intel Core i5 以上处理器或性能相当的 AMD SSE2 处理器 推荐尽量使用最高的 CPU 配置	Intel Core i7 以上多核、Intel Xeon E3 以上处理器或性能相当的 AMD SSE2 处理器 推荐尽量使用最高的 CPU 配置	多核 Intel Xeon E3 以上处理器或性能相当的 AMD SSE2 处理器 推荐尽量使用最高的 CPU 配置
	内存	4GB RAM	8GB RAM	16GB RAM
	显示器	1 280×1 024 真彩或更高	1 680×1 050 真彩或更高	1 920×1 200 真彩或更高
	显卡	基本：支持 24 位彩色 独立：支持 OpenGL 显存 1GB 以上	专业显卡，如 Quadro 或更高配置，显存 2GB 以上	专业显卡，如 Quadro 或更高配置，显存 4GB 以上

续表

配置档次 项目		基本配置	标准配置	高级配置
ArchiCAD 配置 需求	操作 系统	Microsoft Windows 7 64 位 Quick Time 7 以上版本，Java 1.6.0 以上版本； 苹果 Mac OS X10.7 Lion 系统，10.6 Snow Leopard 系统	Microsoft Windows 7 64 位 Quick Time 7 以上版本，Java 1.6.0 以上版本； 苹果 Mac OS X10.7 Lion 系统，10.6 Snow Leopard 系统	Microsoft Windows 7 64 位 Quick Time 7 以上版本，Java 1.6.0 以上版本； 苹果 Mac OS X10.7 Lion 系统，10.6 Snow Leopard 系统
	CPU	Windows 系统下的 Intel 酷睿或更高版本； 苹果 Macintosh：要求 64 位处理器，Macintosh 使用 Intel 处理器（酷睿 2 以上） 推荐使用多核处理器，体现 ArchiCAD 的性能优势	Windows 系统下的 Intel 酷睿或更高版本； 苹果 Macintosh：要求 64 位处理器，Macintosh 使用 Intel 处理器（酷睿 2 以上） 推荐使用多核处理器，体现 ArchiCAD 的性能优势	Windows 系统下的 Intel 酷睿或更高版本； 苹果 Macintosh：要求 64 位处理器，Macintosh 使用 Intel 处理器（酷睿 2 以上） 推荐使用多核处理器，体现 ArchiCAD 的性能优势
	内存	64 位 Windows 和 Mac 系统要求 6GB RAM 以上	64 位 Windows 和 Mac 系统要求 8GB RAM 以上	64 位 Windows 和 Mac 系统要求 16GB RAM 以上
	显示器	1 280×1 024 真彩或更高	1 680×1 050 真彩或更高	1 920×1 200 真彩或更高
	显卡	支持 OpenGL（3.3 版本以上），1GB 以上独立显存	支持 OpenGL（3.3 版本以上），2GB 以上独立显存	支持 OpenGL（3.3 版本以上），4GB 以上独立显存

2. 集中数据服务器及配套设施的部署

集中数据服务器用于实现企业 BIM 资源的集中存储与共享。集中数据服务器及配套设施一般由数据服务器、存储设备等主设备，以及安全保障、无故障运行、灾难备份等辅助设备组成。

企业在选择集中数据服务器及配套设施时，应根据需求综合规划，包括数据存储容量要求、并发用户数量要求、实际业务中人员的使用频率、数据吞吐能力、系统安全性、运行稳定性等。明确规划以后，可据此（或借助系统集成商的服务能力）提出具体设备类型、参数指标及实施方案。集中数据服务器的硬件配置见表 4-3。

表 4-3　集中数据服务器硬件配置

配置档次 项目	基本配置	标准配置	高级配置
小于 100 个 并发用户 （多个模型并存）	操作系统：Microsoft Windows Server 2012 R2 64 位	操作系统：Microsoft Windows Server 2012 R2 64 位	操作系统：Microsoft Windows Server 2012 R2 64 位
	Web 服务器：Microsoft Internet Information Server 7.0 或更高版本	Web 服务器：Microsoft Internet Information Server 7.0 或更高版本	Web 服务器：Microsoft Internet Information Server 7.0 或更高版本
	CPU：4 核及以上，2.6GHz 及以上	CPU：6 核及以上，2.6GHz 及以上	CPU：8 核及以上，3.0GHz 及以上
	内存：4GB RAM	内存：8GB RAM	内存：16GB RAM
	硬盘：7200 +RPM	硬盘：10000 + RPM	硬盘：15000 + RPM
100 个以上 并发用户 （多个模型并存）	操作系统：Microsoft Windows Server 2012 64 位 Microsoft Windows Server 2012 R2 64 位	操作系统：Microsoft Windows Server 2012 64 位 Microsoft Windows Server 2012 R2 64 位	操作系统：Microsoft Windows Server 2012 64 位 Microsoft Windows Server 2012 R2 64 位
	Web 服务器：Microsoft Internet Information Server 7.0 或更高版本	Web 服务器：Microsoft Internet Information Server 7.0 或更高版本	Web 服务器：Microsoft Internet Information Server 7.0 或更高版本
	CPU：4 核及以上，2.6GHz 及以上	CPU：6 核及以上，2.6GHz 及以上	CPU：8 核及以上，3.0GHz 及以上
	内存：8GB RAM	内存：16GB RAM	内存：32GB RAM
	硬盘：10000 +RPM	硬盘：15000 + RPM	硬盘：高速 RAID 磁盘阵列

4.2.2 典型方案

图 4-1 为企业 BIM 网络硬件配置的典型方案，供参考。

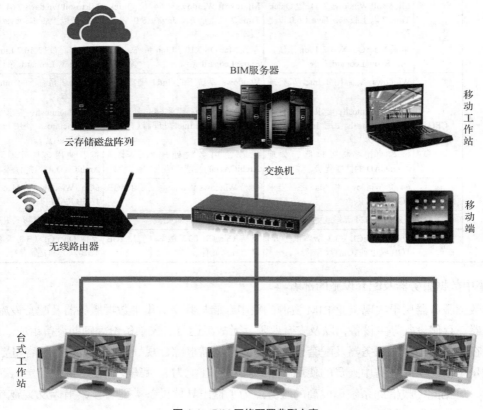

图 4-1　BIM 网络配置典型方案

4.2.3 其他硬件方案

1. 基于虚拟化技术的 IT 基础架构

虚拟化技术已有 20 年的应用历史，相对于个人计算机终端运算的资源分配固定、浪费严重的问题，采用虚拟化技术可以实现存储与计算等资源的集中管理、按需分配、分时复用，使资源更高效、充分地利用。

虚拟化设计的总体思想是在各种硬件上部署虚拟化产品，使应用程序能够在虚拟的计算机元件基础上运行，脱离对硬件的直接依赖，从而实现硬件资源的重新分配与整合，便于更好、更高效地利用这些资源，最终达到简化管理、优化资源的目标。虚拟化已经从单纯的虚拟服务器成长为虚拟桌面、网络、存储等多种虚拟技术。

目前，国内外很多企业已经不同程度地采用了虚拟化技术来搭建企业的 IT 基础架构，它是企业 IT 基础架构建设的选择之一。这种架构的实现方式主要包含对企业硬件资源的整合以及虚拟化软件系统的部署应用两部分内容。目前较成熟的虚拟化系统，在管理能力、容错能力、系统稳定性、可扩展性等方面一般均能达到 BIM 的应用要求，但在图形显示、系统性能等方面还有待进一步的提高。

2. 基于企业私有云技术的 IT 基础架构

云技术是一个整体的 IT 解决方案,也是企业未来 IT 基础架构的发展方向。云技术的总体思想是:应用程序可通过网络从云端按需获取计算资源及服务。对大型企业而言,这种方式能够充分整合原有的计算资源,降低企业新硬件资源的投入,节约资金和减少浪费。

云计算应用的快速普及,必将实现对 BIM 应用的良好支持,成为企业在 BIM 实施中可以优化选择的 IT 基础架构。但企业私有云技术的 IT 基础架构,在搭建过程中仍要选择和购买云硬件设备及云软件系统,同时也需要专业的云技术服务才能完成,企业需要投入相当数量的资金,这没有充分发挥云计算技术的核心价值。随着公有云、混合云等模式的技术完善和服务环境的改变,企业未来基于云的 IT 基础架构将会有更多的选择。

思考与练习

1. 单选题

（1）为了更好地完成 BIM 应用项目,软硬件配置_____显得尤为重要。

　　A. 高配置　　　　　B. 合理　　　　　C. 软件　　　　　D. 硬件

（2）下列选项中属于 BIM 基础建模软件的是_____。

　　A. 3ds max　　　　B. Xsteel　　　　C. Rhino　　　　D. Lumion

（3）对于大型钢网架结构,建议采用_____软件实施 BIM 建模。

　　A. Revit　　　　　B. AutoCAD　　　C. Civil 3D　　　D. Tekla

2. 多选题

（1）以下属于 BIM 基础建模软件的是_____。

　　A. 3ds max　　　　B. Revit　　　　C. Tekla

　　D. CATIA　　　　　E. BIMspace　　　F. ArchiCAD

（2）以下属于 BIM 协同管理软件平台的软件是_____。

　　A. PKPM-BIM　　　B. 广联达 BIM5D　　C. Iban

　　D. BIM360GLUE　　 E. iTwo

（3）以下说法正确的是_____。

　　A. 运用 BIM 技术,除了能够进行建筑平、立、剖及详图的输出外,还可以输出碰撞报告及构件加工图等

　　B. 建筑与设备专业的碰撞主要包括建筑与结构图纸中的标高、柱、剪力墙等的位置是否不一致等

　　C. 基于 BIM 模型可调整解决管线空间布局问题,如机房过道狭小、各管线交叉等问题

　　D. 借助工厂化、机械化的生产方式,将 BIM 信息数据输入设备,就可以实现机械的自动化生产,这种数字化建造的方式可以大大提高工作效率和生产质量

　　E. 企业可针对选定的 BIM 软件,结合相关人员的工作分工,配备不同的硬件资源,以达到 IT 基础架构投资的合理性价比

3. 问答题

（1）为什么有些软件如 AutoCAD、3ds max 等不能称为 BIM 设计工具？

（2）一款软件是否可以解决所有 BIM 技术应用问题？

（3）你认为 BIM 技术在建设项目中有哪些应用点？

（4）国际上支持 BIM 的主要应用软件有哪些？分别具备什么特征？

（5）国内有哪些软件目前支持 BIM？谈谈你对这些软件与 BIM 联系的看法。

（6）BIM 应用软件体系的选择，应遵循哪些原则？

（7）设计企业应如何正确部署适合于自身的 BIM 应用硬件配置？

（8）施工企业应如何正确部署适合于自身的 BIM 应用硬件配置？

05 第5章 BIM项目实施指南

　　BIM 项目实施的关键是真正实现资源共享、流程再造、交付物变化，以及由 BIM 实施带来的经营模式的创新和企业业务价值链的重组，因此，BIM 项目实施的核心是建立一系列与 BIM 模式相适应的企业技术和管理标准，以及与之配套的实施指南和规范。

　　编者根据多年 BIM 项目应用实践经验，参考在美国印第安纳大学（IU）访问交流期间的研究成果及 IU BIM 实施标准编写了本章内容，目的是提供一个框架，便于业主、设计师、工程师及项目经理根据本章内容，更有效更经济地对项目开展 BIM 技术应用实践，以达到更好的 BIM 项目实施效果。在本章内容中阐述了各方的职责以及责任，共享了细节和信息范围，描述了业务流程和支持的软件，以期为 BIM 项目实施计划提供辅助指导。

5.1　BIM 执行计划书及主要内容

　　拟应用 BIM 技术的建设项目应当在 BIM 项目的初期制定一个《BIM 执行计划》。该计划概括了项目组在整个项目过程中需要达成的整体目标和遵循的实施细节。计划通常在项目的开始阶段就要明确下来，以便指定的新项目团队加入后能更好地适应项目。

5.1.1　概述

　　《BIM 执行计划》有利于业主和项目团队记录达成一致的 BIM 说明书、模型深度和 BIM 项目流程。主合同应当参考《BIM 执行计划》确定项目团队在提供 BIM 成果中的角色和职责。

5.1.2　BIM 执行计划书应包含的内容

　　《BIM 执行计划》应包含如下内容。
　　（1）项目信息。
　　（2）BIM 目标和用途。
　　（3）每个项目成员的角色、人员配备和能力。
　　（4）BIM 流程和策略。
　　（5）BIM 交换协议和提交格式。
　　（6）BIM 数据要求。
　　（7）处理共享模型的协作流程和方法。
　　（8）质量控制。
　　（9）技术基础设备和软件。

5.2　BIM 项目启动

　　这部分定义了核心协作团队、项目目标、项目各阶段和整个项目阶段的总体沟通计划。
　　1. 项目信息
　　可参考表 5-1 填写相关项目信息。

表 5-1　项目信息表

项目名称：	
项目编码：	
项目地址：	
项目描述：	

　　2. 核心团队
　　项目核心团队的主要信息可参考表 5-2。

表 5-2　项目核心团队主要信息表

联系人姓名	职责/职位	公司	电子邮件	电话

3. 项目目标

项目目标的主要信息可参考表 5-3。

表 5-3　项目目标主要信息表

项目目标	BIM 目标	实现与否	项目时间范围

4. 项目各阶段实施计划

项目各阶段实施计划可参考表 5-4。

表 5-4　项目各阶段实施计划表

	业主	设计师	咨询工程师	施工项目经理	委托代理
概念化/所需程序	提供关于形成功能、成本和进度计划表的要求	基于大量理论研究和对建设地点的考虑开始设计	对初始建筑形成的目标及需求提供反馈性的意见	对初始建造成本、进度计划及施工可能性提供反馈意见	对预先委托需求提供反馈意见
设计/概要设计	提供设计审查及进一步改善设计需求	利用业者输入的信息，咨询工程师和建设经理改善设计模型，进行反向阶段的调度活动	提供能源建模和系统迭代原理设计模式，继续开发	提供设计审查，同时继续反馈成本、进度计划和施工可能性	改善预先委托要求
详细设计/设计发展	部门设计审查，项目设计和规则的最终批准	继续完善设计模型、引进顾问模型并执行模型的协调	创建特定学科的设计模型，创建详细的能源模型	为模拟协调、评估和进度计划创建建筑模型	审查所有条款的设计模型
执行文件/建设文件		最终设计模型、建设文件和说明	确定具体的设计模型和最终的能源模型	加强施工模型的创建，执行最终估算和最后的施工进度	审查所有条款的设计模型
机构协调/最终收购	协助代码遵从协商和许可	工作与机构代码遵从性，计划验收和应对施工中的信息需求	工作与机构代码遵从性，计划验收和应对施工中的信息需求	管理投标过程，项目收购和施工前的信息需求	
施工	监督施工并输入施工变更及问题	执行合同文件，随着变更更新设计模型	协同信息需求及更新条款的具体设计模型，现场条件和调试	与分包商和供应商管理工程施工，通知设计模型的变更	遵守施工程序和执行预先调试
设施管理	聘请设计师和设备操作人员，为建模配备人员	通过模型和设备组进行信息交换			

由于 BIM 的应用贯穿于建设项目的全生命期，各阶段业主、设计师、咨询工程师、施工项目经理及委托代理等人员之间的协同也变得极为重要。项目各阶段技术人员之间协同工作的主要内容如表 5-4 所示。

5.3 建模方案

5.3.1 模型内容及实施规划

1. 模型内容

在项目的各阶段，针对项目的特点和应用重点选择项目 BIM 目标，各阶段 BIM 模型内容如表 5-5 所示。

表 5-5 各阶段 BIM 模型内容

名称	建筑	结构	机电					阶段
			暖通	消防	给排水	强电	弱电	
方案设计模型	√							方案设计阶段
初步设计模型	√	√						初步设计阶段
施工设计模型	√	√	√	√	√	√	√	施工图设计阶段
深化设计模型	√	√	√	√	√	√	√	深化设计阶段
施工过程模型	√	√	√	√	√	√	√	施工实施阶段
竣工模型	√	√	√	√	√	√	√	运营阶段

（1）方案设计阶段。主要目的是为建筑后续设计阶段提供依据及指导性的文件。主要工作内容包括：根据设计条件，建立设计目标与设计环境的基本关系，提出空间建构设想、创意表达形式及结构方式等初步解决方法和方案。

（2）初步设计阶段。主要目的是通过深化方案设计，论证工程项目的技术可行性和经济合理性。主要工作内容包括：拟定设计原则、设计标准、设计方案和重大技术问题以及基础形式，详细考虑和研究建筑、结构、给排水、暖通、电气等各专业的设计方案，协调各专业设计的技术矛盾，并合理确定技术经济指标。

（3）施工设计阶段。主要目的是为施工安装、工程预算、设备及构件的安放、制作等提供完整的模型和图纸依据。主要工作内容包括：根据已批准的设计方案编制可供施工和安装的设计文件，解决施工中的技术措施、工艺做法、用料等问题。

（4）深化设计阶段。主要目的是使工程具备开工和连续施工的基本条件。主要工作内容包括：建立必需的组织、技术和物质条件，如技术准备、材料准备、劳动组织准备、施工现场准备以及施工的场外准备等。

（5）施工实施阶段。主要目的是完成合同规定的全部施工安装任务，以达到验收、交付的要求。主要工作内容包括：按照施工方案完成项目建造至竣工，同时统筹调度，监控施工现场的人、机、料等施工资源。

（6）运营阶段。主要目的是管理建筑设施设备，保证建筑项目的功能、性能可以满足正常使用的要求。主要工作内容包括：建筑设施设备的运营与维护、资产管理和物业管理，以及相关的公共服务等。

2. 模型实施规划

（1）总体的实施规则

建筑项目全生命期 BIM 应用的总体流程如图 5-1 所示。

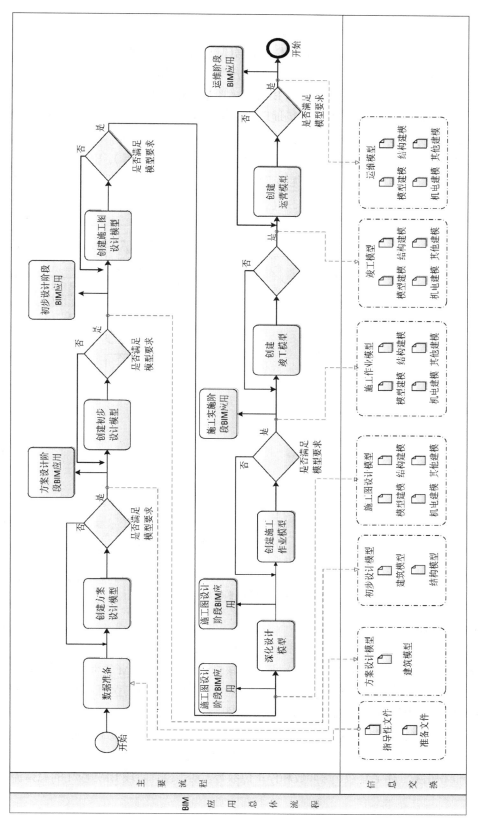

图 5-1　建筑项目全生命期 BIM 应用的总体流程

（2）各阶段的实施规划

① 方案设计阶段

方案设计主要是从建筑项目的需求出发，根据建筑项目的设计条件，研究分析满足建筑功能和性能的总体方案，并对建筑的总体方案进行初步的评价、优化和确定。

方案设计阶段的 BIM 应用主要是利用 BIM 技术验证项目的可行性，对下一步工作的推进进行细化。利用 BIM 软件分析建筑项目所处的场地环境，如坡度、方向、高程、纵横断面、填挖方、等高线、流域等，作为方案设计的依据。进一步利用 BIM 软件建立建筑模型，输入场地环境相应的信息，进而对建筑物的物理环境（如气候、风速、地表热辐射、采光、通风等）、出入口、人车流动、结构、节能排放等方面进行模拟分析，选择最优的工程设计方案。方案设计阶段 BIM 应用的总体流程如图 5-2 所示。

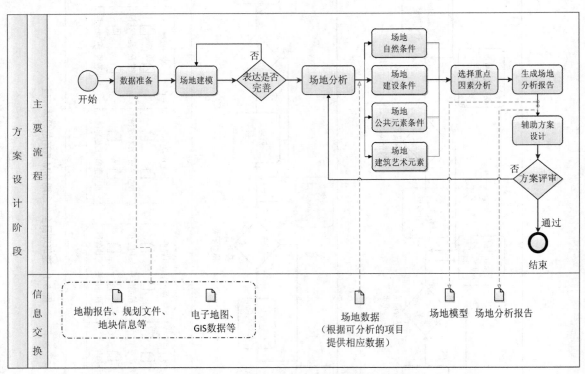

图 5-2　方案设计阶段 BIM 应用的总体流程

② 初步设计阶段

初步设计阶段是介于方案设计阶段和施工图设计阶段之间的过程，是细化方案设计的阶段。在本阶段，推敲完善建筑模型，并配合结构建模进行核查设计。应用 BIM 软件构建建筑模型，对平面、立面、剖面进行一致性检查，将修正后的模型进行剖切，生成平面、立面、剖面及节点大样图，形成初步设计阶段的建筑、结构模型和初步设计二维图。

在建筑项目初步设计过程中，沟通、讨论、决策可以围绕可视化的建筑模型开展。模型生成的明细表统计可及时、动态地反映建筑项目的主要技术经济指标，包括建筑层数、建筑高度、总建筑面积、各类面积指数、住宅套数、房间数和停车位数等。初步设计阶段 BIM 应用的总体流程如图 5-3 所示。

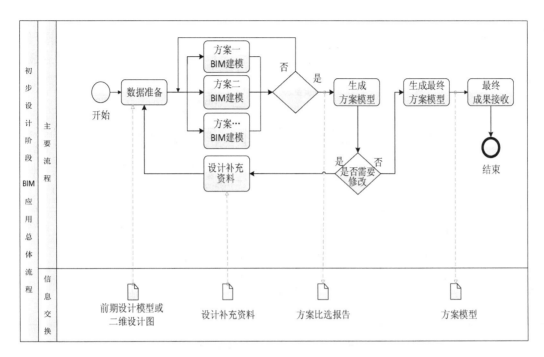

图 5-3　初步设计阶段 BIM 应用总体流程

③ 施工图设计阶段

施工图设计是建筑项目设计的重要阶段，是项目设计和施工的桥梁。本阶段主要通过施工图图纸，表达建筑项目的设计意图和设计结果，并作为项目现场施工作业的依据。

施工图设计阶段的 BIM 应用是各专业模型构建并进行优化设计的复杂过程。各专业信息模型包括建筑、结构、给排水、暖通、电气等方面。在此基础上，根据专业设计、施工等知识框架体系，进行冲突检测、三维管线综合、竖向净空优化等基本应用，完成对施工图设计的多次优化。具体分析某些会影响净高要求的重点部位，优化机电系统空间走向排布和净空高度。施工图设计阶段 BIM 应用的总体流程如图 5-4 所示。

④ 深化设计阶段

施工准备阶段从广义上是指从建设单位与施工单位签订工程承包合同开始到工程开工为止。在实际项目中，每个分部分项工程并非同时进行，因此在很多时候，施工准备阶段贯穿整个项目施工阶段。施工准备阶段的主要工作内容是为工程的施工建立必需的技术条件和物质条件，统筹安排施工力量和施工现场，使工程具备开工和施工的基本条件。施工准备工作是建筑工程施工顺利进行的重要保证。

施工准备阶段的 BIM 应用主要体现在施工深化设计、施工方案模拟及预制构件加工等方面，对施工深化设计的准确性、施工方案的虚拟展示，以及预制构件的加工能力等方面起到关键作用。施工单位要结合施工工艺及现场情况完善设计模型，以得到满足施工需求的施工作业模型。深化设计阶段 BIM 应用的总体流程如图 5-5 所示。

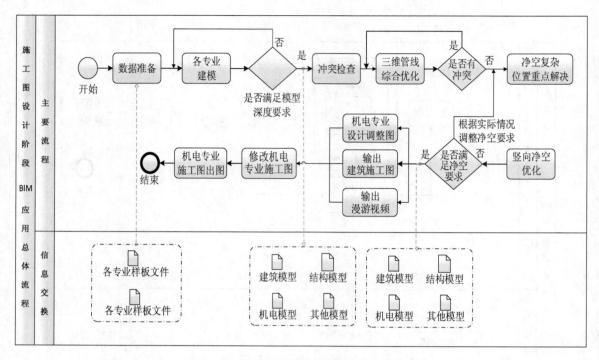

图 5-4 施工图设计阶段 BIM 应用总体流程

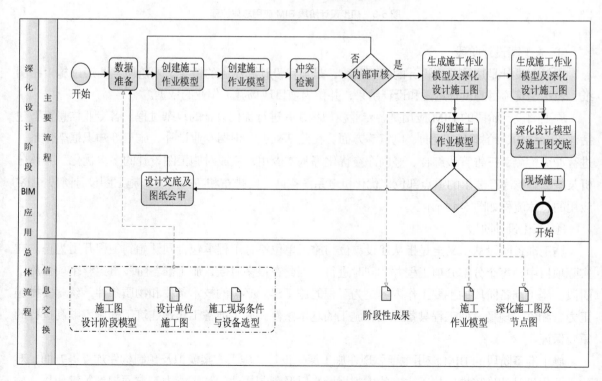

图 5-5 深化设计阶段 BIM 应用总体流程

⑤ 施工实施阶段

施工实施阶段是指自工程开始至竣工的实施过程。本阶段的主要内容是通过科学有效的现场管理完成合同规定的全部施工任务，以达到验收、交付的标准。

基于 BIM 技术的施工现场管理，一般是基于施工准备阶段完成的施工作业模型，配合选用合适的施工管理软件进行，这不仅是一种可视化的媒介，而且能优化和控制整个施工过程。这样有利于施工人员提前发现并解决工程项目中的潜在问题，以减少施工过程中的不确定性和风险。同时，按照施工顺序和流程模拟施工过程，对工期进行精确计算、规划和控制，也可以统筹调度，优化配置人、机、料等施工资源，实现对工程施工过程交互式的可视化和信息化管理。施工实施阶段 BIM 应用的总体流程如图 5-6 所示。

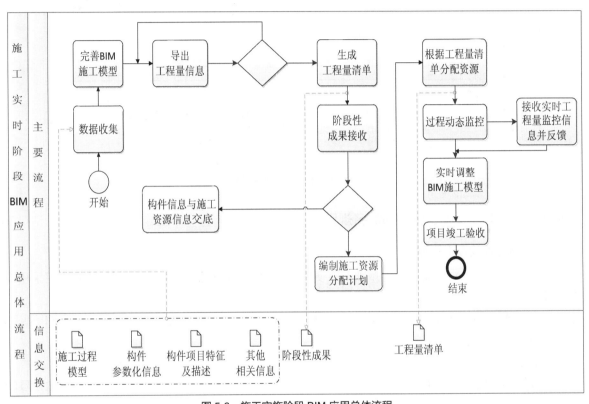

图 5-6　施工实施阶段 BIM 应用总体流程

⑥ 运营阶段

运营阶段是建筑全生命期中持续时间最长的阶段，基于 BIM 技术的运营管理将增加管理的直观性、空间性和集成度，能够有效帮助建设和物业单位管理建筑设施和资产（建筑实体、空间、周围环境和设备等），进而降低运营成本，提高用户满意度。由于运营阶段的 BIM 技术应用尚未成熟，这里仅描述目前基本的运营阶段 BIM 应用，建设和物业单位可在此基础上进行完善与扩充。

运营阶段的 BIM 应用主要包括运营系统建设、建筑设备运行管理、空间管理和资产管理等。其中，运营管理不同于设计和施工阶段的 BIM 应用，管理对象为建成后的建筑项目，该建筑信息模型基本稳定。因此，本阶段 BIM 应用的主要任务是建立基于 BIM 技术的建筑运营管理系统和管理机制，以更科学合理的方式实施建筑项目的运营管理。运营阶段 BIM 应用的总体流程如图 5-7 所示。

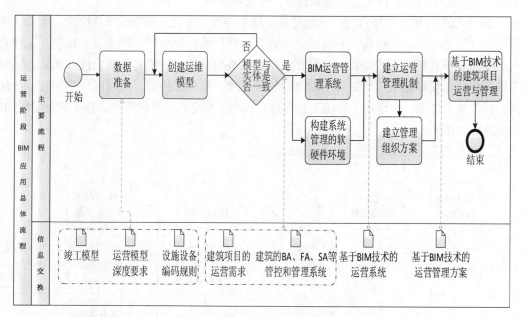

图 5-7　运营阶段 BIM 应用总体流程

5.3.2　模型文件和模型构件的命名规则

1. 模型文件的命名规则

在模型创建时，制订文件命名规则，以便快速识别和查找模型及内容。模型文件名称可采用以下形式。

文件名称=【项目代码】-〖区段/子项代码〗-【专业代码】-【阶段代码】-〖楼层/标高代码〗-〖描述〗.xxx（扩展名）

其中【　】内容为必选择，〖　〗内容为可选项目。

项目代码：用于识别项目的代码，由项目管理者制订，建议统一采用合同编码的后四位，限制为 4 位数字。

区段/子项代码：用于有多个子项或区段的工程设计项目，限制为 1 位字母和 1 位数字，若未划分区段或子项，可省略。

专业代码：建筑、结构、给排水、电气、弱电、暖通。

阶段代码：方案设计阶段、初步设计阶段、施工图设计阶段、深化设计阶段、施工实施阶段和运营阶段。

楼层/标高代码：根据楼层拆分情况应用楼层代码（F1～Fn），也可根据实际情况按标高划分。

描述：描述性字段，用于进一步说明文件中的内容，避免与其他字段重复。此信息用于解释前面的字段，或是进一步说明所包含数据的其他方面。

2. 模型构件的命名规则

项目实施前期，为统一实施管理，应制订模型构件命名方式，模型构件的名称应包括：构件类别、构件名称和构件尺寸，构件名称应与设计或实际工程名称一致，如表 5-6 所示。

表 5-6　模型构件命名规则

专业	构件分类	命名规则	样例
建筑	幕墙	墙名称-厚度	页岩多孔砖-200mm
	砌体墙		混凝土墙-200mm
	结构墙		
	隔断墙		
	楼、地面板	楼板类型名-板厚	铺地砖楼面-50mm
	屋面板	屋面板-板厚	屋面板-150mm
	天花板	天花板类型名-规格尺寸	天花板类型名-600×600
	楼梯、电梯、门窗	与设计图纸一致	与设计图纸一致
结构	承重墙	墙名称-墙厚	剪力墙-300mm
	剪力墙		
	楼、地面板	楼板类型名-板厚	混凝土板-120mm
	框架柱	柱类型-尺寸	混凝土矩形柱-700mm×800mm
	构造柱		
	梁	梁类型-尺寸	混凝土矩形梁-300mm×600mm
机电	风管	风管类型	矩形镀锌风管
	水管	管道材质	热镀锌钢管
	桥架	桥架类型-系统	CT-普通强电
	设备	与设计图纸一致	与设计图纸一致

5.3.3　模型的精度和尺度

1. 方案设计阶段

方案设计阶段不同专业模型内容及基本信息如表 5-7 所示。

表 5-7　方案设计阶段不同专业模型内容及基本信息

专业	模型内容	基本信息
建筑	（1）场地边界（用地红线、高程、正北）、地形表面、建筑地坪、场地道路等 （2）建筑功能区域划分：主体建筑、停车场、广场、绿地等 （3）建筑空间划分：主要房间、出入口、垂直交通运输设施等 （4）建筑主体外观形状、位置等	（1）场地：地理位置、水文地质、气候条件等 （2）主要技术经济指标：建筑总面积、占地面积、建筑层数、建筑高度、建筑等级、容积率等 （3）建筑类别与等级：防火类别、防火等级、人防类别等级、防水防潮等级等
结构	（1）混凝土结构主要构件布置：柱、剪力墙、梁、板等 （2）钢结构主要构件布置：柱、梁等 （3）其他结构主要构件布置	（1）自然条件：场地类别、基本风压、基本雪压、气温等 （2）主要技术经济指标：结构层数、结构高度等 （3）建筑类别与等级：结构安全等级、建筑抗震设防类别、钢筋混凝土结构抗震等级等

2. 初步设计阶段

初步设计阶段不同专业模型内容及基本信息如表 5-8 所示。

表 5-8　初步设计阶段不同专业模型内容及基本信息

专业	模型内容	基本信息
建筑	（1）主要建筑构造部件的基本尺寸、位置：非承载墙、门窗（幕墙）、楼梯、电梯、自动扶梯、阳台、雨棚、台阶等 （2）主要建筑设备的大概尺寸（近似形状）、位置：卫生器具等 （3）主要建筑装饰构件的大概尺寸（近似形状）、位置：栏杆、扶手等	（1）增加主要建筑构件材料信息 （2）增加建筑功能和工艺等特殊要求：声学、建筑防护等
结构	（1）基础的基本尺寸、位置：桩基础、筏形基础、独立基础等 （2）混凝土结构主要构件的基本尺寸、位置：柱、梁、剪力墙、楼板等 （3）钢结构主要构件的基本尺寸、位置：柱、梁等 （4）空间结构主要构件的基本尺寸、位置：桁架、网架等 （5）主要构件的大概尺寸、位置	增加特殊结构及工艺等要求：新结构、新材料及新工艺等
暖通	（1）主要设备的基本尺寸、位置：冷水机组、新风机组、空调器、通风机、散热器等 （2）主要管道、风道干管的基本尺寸、位置，及主要风口位置 （3）主要附件的大概尺寸（近似形状）、位置：阀门、计量表、开关、传感器等	（1）系统信息：热负荷、冷负荷、风量、空调冷热水量等基础信息 （2）设备信息：主要性能数据、规格信息等 （3）管道信息：管材信息及保温材料等
给排水	（1）主要设备的基本尺寸、位置：锅炉、冷冻机、换热设备、水箱水池等 （2）主要构筑物的大概尺寸、位置：闸门井、水表井、检查井等 （3）主要干管的基本尺寸、位置 （4）主要附件的大概尺寸（近似形状）、位置：阀门、计量表、开关等	（1）系统信息：水质、水量等 （2）设备信息：主要性能数据、规格信息等 （3）管道信息：管材信息等
电气	（1）主要设备的基本尺寸、位置：机柜、配电箱、变压器、发电机等 （2）其他设备的大概尺寸（近似形状）和位置：照明灯具、视频监控、报警器、警铃、探测器等	（1）系统信息：负荷容量、控制方式等 （2）设备信息：主要性能数据、规格信息等 （3）电缆信息：材质、型号等

3. 施工图设计阶段

施工图设计阶段不同专业模型内容及基本信息如表 5-9 所示。

表 5-9　施工图设计阶段不同专业模型内容及基本信息

专业	模型内容	基本信息
建筑	（1）主要建筑构造部件深化尺寸、定位信息：非承重墙、门窗（幕墙）、楼梯、电梯、自动扶梯、阳台、雨篷、台阶等 （2）其他建筑构造部件的基本尺寸、位置：夹层、天窗、地沟、坡道等 （3）主要建筑设备和固定家具的基本尺寸、位置：卫生器具等 （4）大型设备吊装孔及施工预留孔洞等的基本尺寸、位置 （5）主要建筑装饰构件的大概尺寸（近似形状）、位置：栏杆、扶手、功能性构件等 （6）细化建筑经济技术指标的基础数据	（1）增加主要建筑构件技术参数和性能（防火、防护、保温等） （2）增加主要建筑构件材质等 （3）增加特殊建筑造型和必要的建筑构造信息

续表

专业	模型内容	基本信息
结构	（1）基础深化尺寸、定位信息：桩基础、筏形基础、独立基础等 （2）混凝土结构主要构件深化尺寸、定位信息：柱、梁、剪力墙、楼板等 （3）钢结构主要构件深化尺寸、定位信息：柱、梁、复杂节点等 （4）空间结构主要构件深化尺寸、定位信息：桁架、网架、网壳等 （5）其他构件的基本尺寸、位置：楼梯、坡道、排水沟、集水坑等 （6）主要预埋件布置	（1）增加结构设计说明 （2）增加结构材料种类、规格、组成等 （3）增加结构物理力学性能 （4）增加结构施工或构件制作安装要求等
暖通	（1）主要设备深化尺寸、定位信息：冷水机组、新风机组、空调器、通风机、散热器、水箱等 （2）其他设备的基本尺寸、位置：伸缩器、入口装置、减压装置、消声器等 （3）主要管道、风道深化尺寸、定位信息（如管径、标高等） （4）次要管道、风道的基本尺寸、位置 （5）风道末端（风口）的大概尺寸、位置 （6）主要附件的大概尺寸（近似形状）、位置：阀门、计量表、开关、传感器等 （7）固定支架等大概尺寸（近似形状）、位置	（1）增加系统信息：系统形式、主要配置信息、工作参数要求等 （2）增加设备信息：主要技术要求、使用说明等 （3）增加管道信息：设计参数、规格、型号等 （4）增加附件信息：设计参数、材料属性等 （5）增加安装信息：系统施工要求、设备安装要求、管道敷设方式等
给排水	（1）主要设备深化尺寸、定位信息：锅炉、冷冻机、换热设备、水箱水池等 （2）给排水干管、消防水管道等深化尺寸、定位信息，如管径、埋设深度或敷设标高、管道坡度等。管件（弯头、三通等）的基本尺寸、位置 （3）给排水支管的基本尺寸、位置 （4）管道末端设备（喷头等）的大概尺寸（近似形状）、位置 （5）主要附件的大概尺寸（近似形状）、位置：阀门、计量表、开关等 （6）固定支架等大概尺寸（近似形状）、位置	（1）增加系统信息：系统形式、主要配置信息等 （2）增加设备信息：主要技术要求、使用说明等 （3）增加管道信息：设计参数（流量、水压等）、接口形式、规格、型号等 （4）增加附件信息：设计参数、材料属性等 （5）增加安装信息：系统施工要求、设备安装要求、管道敷设方式等
电气	（1）主要设备深化尺寸、定位信息：机柜、配电箱、变压器、发电机等 （2）其他设备的大概尺寸（近似形状）、位置：照明灯具、视频监控、报警器、警铃、探测器等 （3）主要桥架（线槽）的基本尺寸、位置	（1）增加系统信息：系统形式、联动控制说明、主要配置信息等 （2）增加设备信息：主要技术要求、使用说明等 （3）增加电缆信息：设计参数（负荷信息等）、线路走向、回路编号等 （4）增加附件信息：设计参数、材料属性等 （5）增加安装信息：系统施工要求、设备安装要求、线缆敷设方式等

4. 深化设计阶段

深化设计阶段不同专业模型内容及基本信息如表 5-10 所示。

表 5-10　深化设计阶段不同专业模型内容及基本信息

专业	模型内容	基本信息
建筑	（1）建筑构造部件的精确尺寸和位置：非承重墙、门窗（幕墙）、楼梯、电梯、自动扶梯、阳台、雨篷、台阶、夹层、天窗、地沟、坡道等 （2）主要建筑设备和固定家具的精确尺寸和位置：卫生器具、隔断等 （3）大型设备吊装孔及施工预留孔洞等的精确尺寸和位置 （4）主要建筑装饰构件的基本尺寸、位置：栏杆、扶手、功能性构件等	（1）修改主要建筑设备选型 （2）修改主要建筑构件施工或安装要求 （3）增加主要装修装饰做法的信息
结构	（1）主要构件的精确尺寸和位置：基础、结构梁、结构柱、结构板、结构墙、桁架、网架、钢平台夹层等 （2）其他构件深化尺寸、定位信息：楼梯、坡道、排水沟、集水坑等 （3）主要预埋件的大概尺寸（近似形状）、位置	（1）修改系统信息：选型、施工工艺或安装要求等 （2）修改设备信息：选型、施工工艺或安装要求等 （3）修改管道信息：选型、施工工艺或安装要求、连接方式等 （4）修改附件信息：选型、安装要求、连接方式等
暖通	（1）主要设备的精确尺寸和位置：冷水机组、新风机组、空调器、通风机、散热器、水箱等 （2）其他设备深化尺寸、定位信息：伸缩器、入口装置、减压装置、消声器等 （3）管道、风道的精确尺寸和位置（如管径、标高等） （4）主要设备和管道、风道的连接 （5）风道末端（风口）的大概尺寸、位置 （6）主要附件的大概尺寸（近似形状）、位置：阀门、计量表、开关、传感器等 （7）固定支架等大概尺寸（近似形状）、位置	（1）修改系统信息：选型、施工工艺或安装要求等 （2）修改设备信息：选型、施工工艺或安装要求等 （3）修改管道信息：选型、施工工艺或安装要求、连接方式等 （4）修改附件信息：选型、安装要求、连接方式等
给排水	（1）主要设备的精确尺寸和位置：锅炉、冷冻机、换热设备、水箱水池等 （2）给排水管道、消防水管道的精确尺寸和位置（如管径、标高等） （3）主要设备和管道的连接 （4）管道末端设备（喷头等）大概尺寸（近似形状）、位置 （5）主要附件的大概尺寸（近似形状）、位置：阀门、计量表、开关等 （6）固定支架等大概尺寸（近似形状）、位置	（1）修改系统信息：选型、施工工艺或安装要求等 （2）修改设备信息：选型、施工工艺或安装要求等 （3）修改管道信息：选型、施工工艺或安装要求、连接方式等 （4）修改附件信息：选型、安装要求、连接方式等
电气	（1）主要设备的精确尺寸和位置：机柜、配电箱、变压器、发电机等 （2）其他设备的大概尺寸（近似形状）、位置：照明灯具、视频监控、报警器、警铃、探测器等 （3）主要桥架（线槽）的精确尺寸和位置	（1）修改系统信息：选型、施工工艺或安装要求等 （2）修改设备信息：选型、施工工艺或安装要求等 （3）修改电缆信息：选型、施工工艺或安装要求、连接方式等 （4）修改附件信息：选型、安装要求、连接方式等

5.　施工实施阶段

施工实施阶段不同专业模型内容及基本信息如表 5-11 所示。

表 5-11　施工实施阶段不同专业模型内容及基本信息

专业	模型内容	基本信息
建筑	（1）建筑构造部件的实际尺寸和位置：非承重墙、门窗（幕墙）、楼梯、电梯、自动扶梯、阳台、雨篷、台阶、夹层、天窗、地沟、坡道等 （2）主要建筑设备和固定家具的实际尺寸和位置：卫生器具、隔断等 （3）大型设备吊装孔及施工预留孔洞等的实际尺寸和位置 （4）主要建筑装饰构件的实际尺寸和位置：栏杆、扶手等	（1）修改主要构件和设备实际实施过程：施工信息、安装信息等 （2）增加主要构件和设备产品信息：材料参数、技术参数、生产厂家、出厂编号等 （3）增加大型构件采购信息：供应商、计量单位、数量（如表面积、个数等）、采购价格等
结构	（1）主要构件的实际尺寸和位置：基础、结构梁、结构柱、结构板、结构墙、桁架、网架、钢平台夹层等 （2）其他构件的实际尺寸和位置：楼梯、坡道、排水沟、集水坑等 （3）主要预埋件的近似形状、实际位置	（1）修改主要构件实际实施过程：施工信息、安装信息、连接信息等 （2）增加主要构件产品信息：材料参数、技术参数、生产厂家、出厂编号等 （3）增加大型构件采购信息：供应商、计量单位、数量（如表面积、体积等）、采购价格等
暖通	（1）主要设备的实际尺寸和位置：冷水机组、新风机组、空调器、通风机、散热器、水箱等 （2）其他设备的实际尺寸和位置：伸缩器、入口装置、减压装置、消声器等 （3）管道、风道的实际尺寸和位置（如管径、标高等） （4）主要设备和管道、风道的实际连接 （5）风道末端（风口）的近似形状、基本尺寸、实际位置 （6）主要附件的近似形状、基本尺寸、实际位置：阀门、计量表、开关、传感器等 （7）固定支架等近似形状、基本尺寸、实际位置	（1）修改主要设备和管道实际实施过程：施工信息、安装信息、连接信息等 （2）增加主要设备、管道和附件产品信息：材料参数、技术参数、生产厂家、出厂编号等 （3）增加主要设备、管道和附件采购信息：供应商、计量单位、数量（如长度、体积等）、采购价格等
给排水	（1）主要设备的实际尺寸和位置：锅炉、冷冻机、换热设备、水箱水池等 （2）给排水管道、消防水管道的实际尺寸和位置（如管径、标高等） （3）主要设备和管道的实际连接 （4）管道末端设备（喷头等）的近似形状、基本尺寸、实际位置 （5）主要附件的近似形状、基本尺寸、实际位置：阀门、计量表、开关等 （6）固定支架等的近似形状、基本尺寸、实际位置	（1）修改主要设备和管道实际实施过程：施工信息、安装信息、连接信息等 （2）增加主要设备、管道和附件产品信息：材料参数、技术参数、生产厂家、出厂编号等 （3）增加主要设备、管道和附件采购信息：供应商、计量单位、数量（如长度、体积等）、采购价格等
电气	（1）主要设备的实际尺寸和位置：机柜、配电箱、变压器、发电机等 （2）其他设备的近似形状、基本尺寸、实际位置：照明灯具、视频监控、报警器、警铃、探测器等 （3）桥架（线槽）的实际尺寸和位置	（1）修改主要设备和桥架（线槽）实际实施过程：施工信息、安装信息、连接信息等 （2）增加主要设备、桥架（线槽）和附件产品信息：材料参数、技术参数、生产厂家、出厂编号等 （3）增加主要设备、桥架（线槽）和附件采购信息：供应商、计量单位、数量（如长度、体积等）、采购价格等

6.　运营阶段

运营阶段不同专业模型内容及基本信息如表 5-12 所示。

表 5-12　运营阶段不同专业模型内容及基本信息

专业	模型内容	基本信息
建筑	（1）建筑构造部件的实际尺寸和位置：非承重墙、门窗（幕墙）、楼梯、电梯、自动扶梯、阳台、雨篷、台阶、夹层、天窗、地沟、坡道等 （2）主要建筑设备和固定家具的实际尺寸和位置：卫生器具、隔断等 （3）主要建筑装饰构件的实际尺寸和位置：栏杆、扶手等 （4）建筑构造部件预留孔洞的实际尺寸和位置	（1）增加主要构件和设备的运营管理信息：设备编号、资产属性、管理单位、权属单位等 （2）增加主要构件和设备的维护保养信息：维护周期、维护方法、维护单位、保修期、使用寿命等 （3）增加主要构件和设备的文档存放信息：使用手册、说明手册、维护资料等
结构	（1）主要构件的实际尺寸和位置：基础、结构梁、结构柱、结构板、结构墙、桁架、网架、钢平台夹层等 （2）其他构件的实际尺寸和位置：楼梯、坡道、排水沟、集水坑等 （3）主要预埋件近似形状、实际位置	（1）增加主要构件的运营管理信息：设备编号、资产属性、管理单位、权属单位等 （2）增加主要构件的维护保养信息：维护周期、维护方法、维护单位、保修期、使用寿命等 （3）增加主要构件的文档存放信息：使用手册、说明手册、维护资料等
暖通	（1）主要设备的实际尺寸和位置：冷水机组、新风机组、空调器、通风机、散热器、水箱等 （2）其他设备的实际尺寸和位置：伸缩器、入口装置、减压装置、消声器等 （3）管道、风道的实际尺寸和位置（如管径、标高等） （4）主要设备和管道、风道的实际连接 （5）风道末端（风口）的近似形状、基本尺寸、实际位置 （6）主要附件的近似形状、基本尺寸、实际位置：阀门、计量表、开关、传感器等 （7）固定支架等的近似形状、基本尺寸、实际位置	（1）增加系统的运营管理信息：系统编号、组成设备、使用环境（使用条件）、资产属性、管理单位、权属单位等 （2）增加系统的维护保养信息：维护周期、维护方法、维护单位、保修期、使用寿命等 （3）增加主要设施设备的运营管理信息：设备编号、所属系统、使用环境（使用条件）、资产属性、管理单位、权属单位等 （4）增加主要设施设备的维护保养信息：维护周期、维护方法、维护单位、保修期、使用寿命等 （5）增加系统、主要设施设备的文档存放信息：使用手册、说明手册、维护资料等
给排水	（1）主要设备的实际尺寸和位置：锅炉、冷冻机、换热设备、水箱水池等 （2）给排水管道、消防水管道的实际尺寸和位置（如管径、标高等） （3）主要设备和管道的实际连接 （4）管道末端设备（喷头等）的近似形状、基本尺寸、实际位置 （5）主要附件的近似形状、基本尺寸、实际位置：阀门、计量表、开关等 （6）固定支架等的近似形状、基本尺寸、实际位置	（1）增加系统的运营管理信息：系统编号、组成设备、使用环境（使用条件）、资产属性、管理单位、权属单位等 （2）增加系统的维护保养信息：维护周期、维护方法、维护单位、保修期、使用寿命等 （3）增加主要设施设备的运营管理信息：设备编号、所属系统、使用环境（使用条件）、资产属性、管理单位、权属单位等 （4）增加主要设施设备的维护保养信息：维护周期、维护方法、维护单位、保修期、使用寿命等 （5）增加主要设施设备的文档存放信息：使用手册、说明手册、维护资料等
电气	（1）主要设备的实际尺寸和位置：机柜、配电箱、变压器、发电机等 （2）其他设备的近似形状、基本尺寸、实际位置：照明灯具、视频监控、报警器、警铃、探测器等 （3）桥架（线槽）的实际尺寸和位置	（1）增加系统的运营管理信息：系统编号、组成设备、使用环境（使用条件）、资产属性、管理单位、权属单位等 （2）增加系统的维护保养信息：维护周期、维护方法、维护单位、保修期、使用寿命等 （3）增加主要设施设备的运营管理信息：设备编号、所属系统、使用环境（使用条件）、资产属性、管理单位、权属单位等 （4）增加主要设施设备的维护保养信息：维护周期、维护方法、维护单位、保修期、使用寿命等 （5）增加主要设施设备的文档存放信息：使用手册、说明手册、维护资料等

5.3.4　模型的对象属性

由于 BIM 应用涵盖了建筑领域全过程、全方位的信息，信息量庞大，且信息内容复杂多变，因此，单纯地通过构件命名区分来定义构件的全部信息太过繁杂也不太现实。所以将 BIM 资源的信息分类及编码应用整体划分并映射到对应的对象属性中尤其重要。图 5-8 为 Revit 系统族库中基本墙的类型属性，包括材质、尺寸、功能、阶段、制造商和成本等。

图 5-8　Revit 系统族库中基本墙的类型属性

5.3.5　构件连接规则

建筑施工中由于结构形式或混凝土强度不同，构件间的扣减关系也不同。当柱子混凝土强度等级高于梁板混凝土强度等级超过二级时（$10N/mm^2$），墙、板、柱的正常连接顺序是墙、柱剪切板。但往往在软件建模过程中会出现板剪切柱的现象，需要注意调整连接顺序。对于核心区内高标号的混凝土向四周延伸的量，如果需要精确统计构件工程量，可以用乘以一个特定系数的方式解决。

当柱子混凝土强度等级高于梁板混凝土强度等级不超过二级时（$10N/mm^2$），可考虑将梁柱节点处的混凝土随同梁板一起浇捣。板、柱的正常连接顺序是板剪切柱。

5.3.6 模型的管理与交付

1. 模型的图形管理

应根据项目各参与方的企业标准及使用习惯制定项目的模型配色及线型要求，并应符合以下原则。

（1）具体实施根据项目要求而定，模型颜色应与设计图纸保持一致。

（2）模型二维配色及线型应清晰鲜明，符合出图标准要求。

（3）机电专业可根据系统划分三维配色体系，三维配色应采用不同色系以方便区分不同系统分类。

2. 模型信息管理

BIM 模型应包含正确的几何信息和非几何信息，几何信息包括形状、尺寸、坐标等。非几何信息包括项目参数、设备参数、运维信息等。

3. 模型交付

模型提交成果应符合以下要求。

（1）项目各参与方应根据合同约定的 BIM 内容，依照节点要求按时提交成果，并保证交付成果符合相关合同范围及标准要求。

（2）项目各参与方在提交 BIM 成果时，参与方 BIM 负责人应将 BIM 成果交付函件、签收单、BIM 成果文件一并提交给 BIM 总协调方。

（3）项目各参与方在项目 BIM 实施过程中提交的所有成果，应接受 BIM 总协调方的管理与监督。

5.4 分析规划

5.4.1 分析模型

1. 概预算分析

在我国的建筑工程造价管理中，建设项目设计阶段对全生命期造价的控制影响重大，然而，在设计阶段的设计信息无法快速准确地被造价工程师调用。在这种情况下，只有将设计阶段工程信息传递给造价人员，才能减轻概预算人员的工作负担。

BIM 技术的出现，为建筑工程各阶段信息的传递提供了媒介，当前，一些基于 BIM 开发应用较成熟的国家管理造价过程，主要使用以下 3 种方法。

（1）利用应用程序接口（API）在 BIM 和造价管理软件之间建立连接。这种方法主要通过造价管理系统与 BIM 系统之间直接的 API 接口，将造价工程师需要的工程量信息从 BIM 软件导入造价管理软件中，然后造价工程师结合工程综合信息开始造价工作。美国著名的 COST 和 Innovaya 公司等厂商就是基于这一原理开发了造价解决方案。

（2）利用开放式数据库连接（ODBC）直接访问 BIM 软件数据库。这种方法是基于 ODBC 中以数据为中心的集成应用来访问建筑建模中的原始模型信息，然后根据 BIM 数据库中的原始模型信息，再结合概预算解决方案中的具体成本计算方法对这些数据进行整合利用，得到工程量信息。

ODBC 数据库是当前主流的关系数据库，相关技术已十分成熟，其主要表现在功能强大的结构化查询语言（SQL）、Java、C#等编程语言对访问关系数据库的强大支持，以及成熟的关系数据库管理系统。

与第一种方法相比，采用基于 ODBC 方法访问 BIM 核心数据需要清晰地了解 BIM 数据库结构，而采用 API 进行连接的造价管理软件则不需要了解 BIM 软件本身的数据架构。所以目前采用 ODBC 方式与 BIM 软件进行集成的造价管理软件都会选择比较主流的 BIM 软件（如 Revit）作为集成对象。

（3）输出到 Excel。目前，造价工程师最常用的就是将 BIM 软件提取的工程量导入 Excel 表中进行汇总计算。与上面提到的两种方法相比，这种方法更加传统、直观，但要保证工程量计算的准确与高效，设计师对 BIM 的统一性与标准性的要求将会很高。

2. 进度分析

建筑工程项目进度管理在项目管理中占有重要地位，而进度优化是进度控制的关键。基于 BIM 技术可实现进度计划与工程构件的动态链接，可通过甘特图、网络图及三维动画等多种形式直观表示进度计划和施工过程，为工程项目的施工方、监理方与业主等不同参与方直观地了解工程项目情况提供便捷的工具。形象直观地动态模拟施工阶段过程和重要环节施工工艺，比较多种施工及工艺方案的可实施性，为最终方案优选决策提供支持。基于 BIM 技术可实现施工进度的精确计划、跟踪和控制，动态分配各种施工资源和场地，实时跟踪工程项目的实际进度，并通过比较计划进度与实际进度，及时分析偏差对工期的影响程度以及产生的原因，采取有效措施，控制项目进度，保证项目能按时竣工。

（1）进度控制工作中的实际进度和计划进度跟踪对比分析、进度预警、进度偏差分析、进度计划调整等工作宜应用 BIM 技术。

（2）可基于进度管理模型和实际进度信息完成进度对比分析，也可基于偏差分析结果调整进度管理模型。

（3）可基于附加或关联到模型的实际进度信息和与之关联的项目进度计划、资源及成本信息，分析项目进度，并对比项目实际进度与计划进度，输出项目的进度时差。

（4）可制订预警规则，明确预警提前量和预警节点，并根据进度分析信息，对应规则生成项目进度预警信息。

（5）可根据项目进度分析结果和预警信息，调整后续进度计划，并相应更新进度管理模型。

3. 可视化分析

对建筑施工来说，虚拟仿真的重要作用就是将现实或方案设计模拟出来，可以使方案更形象，对方案的理解和决策能发挥重要的作用。例如，在银川火车站改造项目中就充分利用了虚拟仿真技术，形象直观地展示工程各阶段的情况，从而指导方案的设计。同时，虚拟仿真在车站施工过程中的风险控制方面也有相当大的作用，如站房和站台结构中的钢构件吊装过程的风险控制等。而基于 BIM 技术构建的三维空间模型是虚拟仿真和风险控制的模型基础，渲染图片、漫游动画等虚拟仿真成果都是在此基础上完成和实现的。

4. 能耗分析

BIM 的一大特点就是信息的完备性，它包含了工程项目从始至终各个方面的信息。而进行建筑能耗评估和节能分析需要用到设计图纸、建筑材料、人员密度等信息，都是可以从 BIM 中获得的。因此，完全可以利用 BIM 技术来进行建筑能耗评估和节能分析。

BIM 的各类型软件中有一类可持续分析软件，专门用于分析和评估建筑可持续性。它们可以分析建筑物的能源消耗、资源消耗、环境影响等。利用这些软件，可以很方便地在计算机上对建筑物的能耗等进行模拟仿真，并得到直观的图形结果输出，进而为改进设计方案提供方便。例如，Autodesk 公司的 Ecotect Analysis 2010 就是一个比较出色实用的可持续分析软件。它可以对建筑热学、声学、光学、成本控制、环境影响等方面进行分析。

施工阶段最重要的工作是确保施工是完全按照建筑能耗管理的设计进行的，严格比对和控制施工阶段与设计阶段的 BIM 结果，并对 BIM 综合数据库进行整合调整。

（1）将设备参数约束性指标与实际采购设备参数对比、系统管路实际安装与施工图对比、关系控制监测点安装与施工图对比等。

（2）由于项目可能因为设备制造商、施工环境、建筑布局等不可控因素而发生相关变更，所以通过 BIM 的协同工作能够动态地了解建筑施工现状的建筑能耗控制参数，具体做法类似于设计阶段的建筑能耗分析。

（3）在施工阶段对于 BIM 综合数据库的关键性输入（或称为约束性条件）包括：竣工阶段的机电设备各类参数（性能、设备寿命、指标）、安装位置、供应商信息、运行监测及控制指标、同类设备数量等；机电系统的关联性（冷热源系统与空调系统管路图及逻辑、VAV 系统与新风系统的管路图及逻辑、建筑物布局与供电回路、空调末端的空间对应关系等）；竣工阶段的建筑能耗分析，是基于竣工模型的各类实际模型信息，进行实际运营前的能耗分析，并把结果与项目前期和设计阶段的建筑能耗控制要求进行比对，寻找差异及优化方向，在运营阶段予以调整；记录调试和试运行阶段中，建筑能耗管理的相关过程量化数据及相关规则信息，比如，全楼 VAV 系统或者空调系统全负荷开启，夏季设定不同室内温度情况时的系统能耗——全楼此时 BIM 相关关联信息包括：人流密度、室内外温湿度、冷热源效率、室内空气质量、建筑区域空间布置等。

5.4.2 分析模型的实施

建筑专业辅助施工图设计以剖切建筑专业三维设计模型为主，二维绘图标识为辅，局部借助三维透视图和轴测图的方式表达施工图设计。其主要目的是减少二维设计的平面、立面、剖面的不一致性问题；尽量消除与结构、给排水、暖通、电气等专业设计表达的信息不对称问题；为后续设计交底、深化设计提供依据。主要操作流程如下。

（1）收集数据，并确保数据的准确性。

（2）校审施工图模型的合规性，并把结构、给排水、暖通、电气专业提出的设计条件反映到模型上，调整和修改模型。

（3）通过剖切施工图模型创建相关的施工图：平面图、立面图、剖面图、门窗大样图、局部放大图等，辅以二维标识和标注，使之满足施工图设计深度。对于局部复杂空间，宜增加三维透视图和轴测图辅助表达。

（4）复核图纸，确保图纸的准确性。

5.4.3　冲突检测及报告

1. 检测内容

冲突检测及三维管线综合的主要目的是基于各专业模型，应用 BIM 软件检查施工图设计阶段的碰撞，完成建筑项目设计图纸范围内各种管线的布设与建筑、结构平面布置和竖向高程相协调的三维协同设计工作，以避免空间冲突，尽可能减少碰撞，避免设计错误传递到施工阶段。

2. 操作流程

（1）收集数据，并确保数据的准确性。

（2）整合建筑、结构、给排水、暖通、电气等专业模型，形成整合的建筑信息模型。

（3）设定冲突检测及管线综合的基本原则，使用 BIM 软件等手段，检查发现建筑信息模型中的冲突和碰撞。编写冲突检测及管线综合优化报告，提交给建设单位确认后调整模型。其中，一般性调整或节点的设计优化等工作，由设计单位修改优化；当出现较大变更时，可由建设单位协调后确定优化调整方案。

（4）逐一调整模型，确保各专业之间的冲突与碰撞问题得到解决。

注：对于平面视图上管线综合的复杂部位或区域，宜添加相关联的竖向标注，以体现管线的竖向标高。

3. 优化报告

（1）调整后的各专业模型。模型深度和构件要求详见附录施工图设计阶段的各专业模型内容及其基本信息要求。

（2）报告中应详细记录调整前各专业模型之间的冲突和碰撞，记录冲突检测及管线综合的基本原则，并提供冲突和碰撞的解决方案，对空间冲突、管线综合优化前后进行对比说明。其中，优化后的管线排布平面图和剖面图，应当反映精确竖向标高标注。

5.5　设计、施工各阶段的数据交互计划

5.5.1　模型文档管理

项目过程中产生的文件可分为三大类：依据文件、过程文件和成果文件。

项目实施过程中各参与方根据自身需求及实际情况对三类文件进行收集、传递及登记归档。其中依据文件包括设计条件、变更指令、政府批文，国家和地方的法律、规范、标准和合同等；过程文件包含会议纪要、工程联系函等；成果文件包含 BIM 模型文件及 BIM 应用成果文件。这些文件需要按照合同约定节点及时提交给 BIM 总协调方。

5.5.2　数据安全与保存

1. 数据安全

BIM 的核心就是数据，与传统 CAD 应用最大的区别是主要成果也是纯粹的数据，一旦数据损坏，损失就不可估量了。因此，数据安全是 BIM 应用中不可忽视的、非常重要的环节。冗余存储（磁盘

阵列设备）是从硬件的角度为数据安全提供了基本的保障，但这还远远不够，还需要在此基础上，从数据的应用层面考虑数据安全。文件访问权限对项目成员访问数据做了一些限制和约束，但还要从以下几个方面保障数据的安全。

（1）数据备份。冗余存储从物理上解决了数据的安全，但无法解决软件发生错误时导致的数据问题，也无法避免项目成员的操作失误。所以，建立和严格执行数据的备份非常重要。比较简单的做法就是在存储设备上复制项目文件夹，一旦正在使用的数据内容出现故障，就可以通过备份的数据恢复。

（2）异地容灾。上述数据备份解决了本地的数据安全。但万一存放服务器和数据存储设备的房间出现意外，诸如火灾、水淹、房屋坍塌等情况，数据可能就被彻底损坏。所以，异地容灾是应该考虑的。对于质量数据，可以通过移动存储设备进行备份后存放到异地，对于大型数据，可以使用磁带机进行备份后存放到异地。有条件的话，还可以通过异地服务器来备份和同步数据。

2. 数据存储

使用两个或更多的硬盘，利用 RAID 方式组成冗余存储（也称磁盘阵列）。通常专业的服务器都具备磁盘阵列的功能，插入两个或更多的硬盘即可。

磁盘阵列也可以是独立的设备，通常有 3 种方式：直接存储（DAS）、网络直连存储（NAS）和存储区域网络（SAN）。这 3 种方式各有优缺点，磁盘阵列技术主要是 IT 技术，所以本文不展开叙述，如有需要请咨询专业 IT 技术人员。

具备了磁盘阵列的硬件，还需要选择 RAID 方式才能组成冗余存储，RAID 主要包含 RAID0～RAID50 等数种方式，常用的有如下两种。

（1）RAID1。两组以上的 N 个磁盘相互镜像，速度快，但硬盘的空间利用率低。Size=min（S1，S2）。

（2）RAID5。至少需要 3 块硬盘，把数据和相应的奇偶校验信息分别存储于不同的磁盘上，磁盘空间利用率要比 RAID1 高，但速度稍慢。Size=（N-1）×min（S1，S2，…，Sn）。RAID5 是目前采用较多、性价比较好的技术。例如，使用 5 块 1TB 容量的硬盘，可用硬盘空间为：Size=（5-1）×1TB=4TB。

5.5.3 BIM 数据的交换格式

BIM 建模和相关的计算、分析软件很多，即使在一个项目中，也可能需要多个 BIM 建模软件进行建模，涉及的计算、分析软件和 BIM 模型应用软件就更多了。如何实现三大类软件间的数据交换，是目前 BIM 应用必须解决的问题。目前主要的数据交换方法有以下几种。

（1）计算、分析软件开发相应的 BIM 建模软件的数据转换插件，在建模环境中读取模型信息直接生成计算、分析软件自己的数据格式进行计算（见图 5-9），有些软件还可以把计算结果直接返回到 BIM 模型中，自动更新模型，实现双向的交互（如图 5-10 中的虚线箭头所示）。

（2）BIM 建模软件输出为国际标准数据格式 IFC 文件或一些软件厂商联盟标准格式文件（gbXML），计算、分析软件读取 IFC 文件后转换为计算、分析软件自己的数据格式进行计算，如图 5-11 所示。这种方式的数据流基本上是单向的，如果计算、分析后需要更新模型，则通常需要手工更新模型。

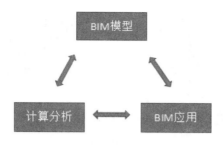

图 5-9　三类软件数据间的交换

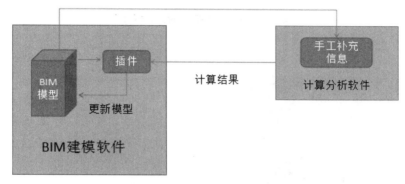

图 5-10　利用软件插件进行数据交换

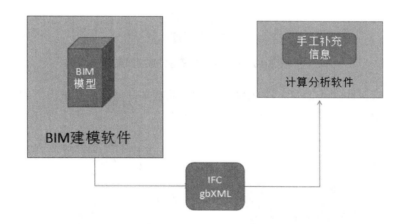

图 5-11　利用标准格式进行数据交互

（3）有些计算、分析软件没有针对 BIM 模型转换开发模型数据，只能通过 BIM 建模软件输出为流行的图形格式，如 DWG、DXF、DGN、SAT、3DS 等传统的三维模型格式。计算、分析软件只能读取纯三维模型，其中并不包含工程信息，还需要手工在计算、分析软件中添加相应的工程信息才能满足计算、分析软件的要求，如图 5-12 所示。

（4）应用软件，主要是利用 BIM 模型和计算、分析软件的结果进行相应的应用，除了 BIM 的模型和一些相关的计算分析结果外，通常还需要结合传统的数据库，组成一个应用管理系统，如图 5-13 所示。

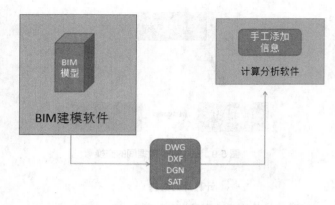

图 5-12　利用三维模型进行数据交互

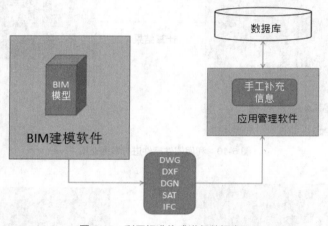

图 5-13　利用标准格式进行数据交互

也有一些应用管理软件开发相应的 BIM 建模软件的数据转换插件，把需要的信息提取到应用管理系统中，以减少手工补充信息的工作量，如图 5-14 所示。

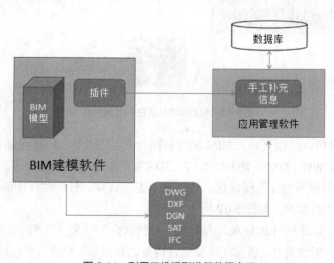

图 5-14　利用三维模型进行数据交互

5.5.4　设计—投标—建造项目的工作流程

BIM 技术的核心是在计算机中建立虚拟的建筑工程三维模型，同时利用数字化技术，为这个模型提供完整的、与实际情况一致的建筑工程信息库。该信息库不仅包含描述建筑物构件的几何信息、专业属性及状态信息，还包含非构件对象（如空间、运动行为）的状态信息。借助这个富含建筑工程信息的三维模型，建筑工程的信息集成化程度大大提高，从而为建筑工程项目的相关利益方提供了工程信息交换和共享的平台。结合更多的相关数字化技术，BIM 模型中包含的工程信息还可以用于模拟建筑物在真实世界中的状态和变化，使建筑物在建成之前，相关利益方就能完整地分析和评估整个工程项目的成败。

在建筑施工全生命期中，各阶段的目标和工作内容不同，BIM 技术在其中发挥的作用也不同，如图 5-15 所示。

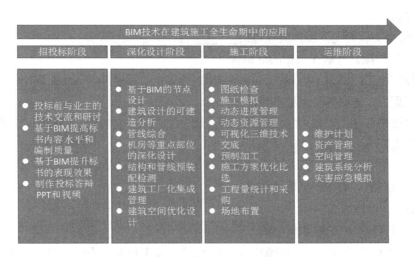

图 5-15　BIM 技术在建筑施工全生命期中的应用

思考与练习

1. 单选题

（1）拟实施 BIM 技术的建设项目应当在 BIM 项目的初期制订一个_____。

　　A. 合同　　　　　　　B. BIM 标准　　　　C. BIM 执行计划　　　D. 硬件

（2）方案设计阶段的 BIM 模型应包括_____。

　　A. 建筑　　　　　　　B. 建筑及结构　　　C. 建筑及暖通　　　　D. 结构及消防

（3）工程项目 BIM 应用存储文件，需要遵守相同的_____。

　　A. 模型文件名　　　B. 模型文件命名规则　C. 模型文件存储位置　D. 文件类型

2. 多选题

（1）方案设计阶段建筑模型的主要内容应包括_____。

　　A. 场地边界（用地红线、高程、正北）、地形表面、建筑地坪、场地道路等

　　B. 建筑功能区域划分：主体建筑、停车场、广场、绿地等

C. 建筑空间划分：主要房间、出入口、垂直交通运输设施等

D. 建筑主体外观形状、位置等

E. 混凝土结构主要构件布置：柱、剪力墙、梁、板等

（2）模型提交成果应符合以下要求_____。

A. 项目各参与方应根据合同约定的 BIM 内容，按节点要求按时提交成果，并保证交付成果要求符合相关合同范围及标准要求

B. 模型颜色应可以与设计图纸保持一致，也可以不同

C. 项目各参与方在提交 BIM 成果时，参与方 BIM 负责人应将 BIM 成果交付函件、签收单、BIM 成果文件一并提交给 BIM 总协调方

D. 模型配色可以采用相同的颜色，也可采用不同色系

E. 项目各参与方在项目 BIM 实施过程中提交的所有成果，应接受 BIM 总协调方的管理与监督

（3）分析模型实施的主要操作流程包括_____。

A. 收集数据，并确保数据的准确性

B. 校审施工图模型的合规性，并把结构、给排水、暖通、电气专业提出的设计条件反映到模型上，进行模型调整和修改

C. 通过剖切施工图模型创建相关的施工图：平面图、立面图、剖面图、门窗大样图、局部放大图等

D. 逐一调整模型，确保各专业之间的冲突与碰撞问题得到解决

E. 复核图纸，确保图纸的准确性

3. **问答题**

（1）BIM 执行计划应包含哪些内容？

（2）根据表 5-4，简述业主、设计师、咨询工程师、施工经理、委托代理人在项目不同阶段协同工作的主要内容。

（3）简述项目实施过程中，各阶段的 BIM 模型内容及实施方案。

（4）同一工程项目，BIM 文件不遵守文件、构件命名规则，会带来怎样的问题？

（5）BIM 模型在图形管理、信息管理及交付时应满足哪些要求？

（6）简述 BIM 技术在招标、深化设计、施工及运维阶段的工作流程图。

06 第6章 BIM在建设项目中的应用实例

目前，BIM 技术在项目工程管理的应用已成为国际项目工程管理的潮流，在美国及一些发达国家已普遍采用 BIM 技术进行工程管理。国内建设行业的大公司也相继进行 BIM 技术的推广和应用，BIM 技术必将给传统的工程管理带来一场革命。BIM 技术使项目主要参与方在设计阶段就集合在一起，着眼于项目的全生命期，利用 BIM 技术进行虚拟设计、建造、维护及管理，能给参建各方带来较大的经济效益，并大幅降低项目风险，减少项目实施过程中的未知因素，让管理变得更加轻松和精细。

本章将通过典型土建和钢结构 BIM 应用实例，使读者对 BIM 技术在建设项目各阶段的应用有更为明确的认识，为后期的进一步学习和应用 BIM 技术奠定坚实的基础。

6.1 案例 1——典型土建模型

随着互联网技术的快速发展，大数据时代的到来，以往的粗放式发展模式、管理模式必将被时代淘汰，BIM 技术必将成为建筑业改革的关键技术。

BIM 技术可以使企业集约管理、项目精益管理落地，也将改变项目各参与方的协作方式。对于建筑施工企业，BIM 可以模拟实际施工，便于在早期就能够发现后期施工阶段可能出现的各种问题，以便提前处理，指导后期实际施工；也可作为可行性指导，优化施工组织设计和方案，合理配置项目生产要素，从而在最大范围内合理利用资源，对建造阶段的全过程管理发挥巨大价值。随着我国建设工程规模越来越大、建筑高度越来越高、体型越来越复杂、功能越来越智能，工程项目的信息对整个建筑物的工程周期乃至生命周期都会产生重要影响。

以下是 BIM 技术在建筑施工各阶段的应用。

6.1.1 前期准备阶段

接到一个项目工程后，首先需要根据项目图纸及项目要求，对该项目进行整体分析。

1. 项目分析

根据工程特点和项目目标对项目进行整体分析，并策划 BIM 技术的应用点，如可建造性分析、智能场地布置、二次结构排布、钢筋精细化管理、智能模架布置等。

2. 软件的选择

根据项目的需求和 BIM 技术的应用情况合理选择相应的软件（可参考 4.1 节）。常用的土建 BIM 软件体系如图 6-1 所示。

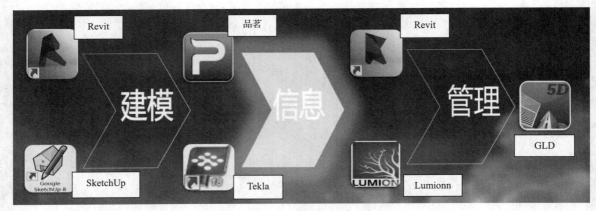

图 6-1 土建 BIM 软件体系

3. 制定建模规范

BIM 项目建模前，应制定统一的建模规范，如图 6-2 所示。所有参与人员参照该规范，建立和应用 BIM 模型。

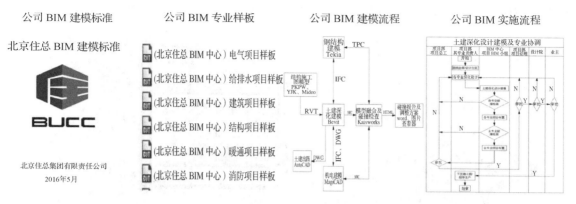

图 6-2　建模规范

6.1.2　实施阶段

1. 可建造性分析

可建造性分析是建筑工程中十分常见也是非常重要的环节，通过碰撞检查功能，找出设计图纸问题，通过 BIM 软件的信息集成可视化检测功能，针对碰撞点进行分析、讨论，在施工前预先解决大部分设计不合理的问题，减少施工过程中不必要的变更与浪费。

（1）通过 Revit 软件整合各专业模型，查找专业图纸问题、施工可行性问题。

（2）通过 BIM 标准碰撞检查表，将 BIM 模型的错误报告定位至设计施工图纸。

（3）按单位工程整理项目 BIM 标准碰撞检查表，并交付项目管理人员共同分析整理，出具图纸会审标准问题表格，提交至设计单位。

（4）根据设计单位的回复，项目管理人员与 BIM 中心管理人员共同在 BIM 信息模型平台基础上深化专业图纸，深化后的 BIM 信息模型用于施工过程中的各部门，如图 6-3 所示为统计图纸问题。

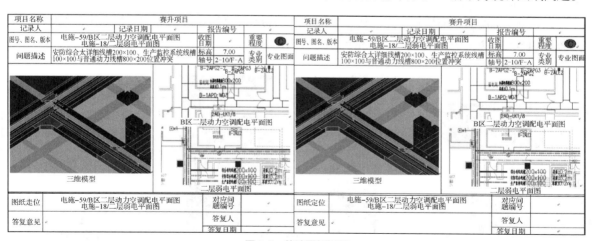

图 6-3　统计图纸问题

2. 三维场地布置

利用 SketchUp 8.0、Revit 2015、广联达三维场布等软件，快速布置三维场地，如图 6-4 所示，实现场地漫游、合理性优化，使现场临设规划工作更轻松、形象、直观和合理。

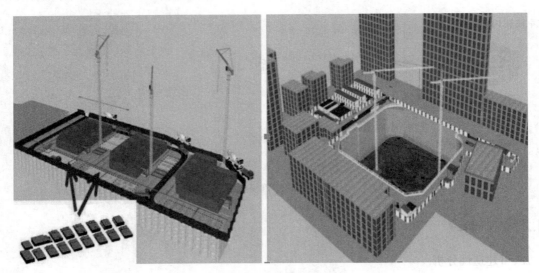

图 6-4　三维场地布置

3. 钢筋精细化管理

（1）施工企业钢筋业务信息化应用现状

① 甲方钢筋算量水平越来越高，依靠结算来赚取高额的钢筋利润点的时代一去不复返。

② 因总包钢筋人才匮乏，导致项目钢筋翻样一直被劳务队把控，总包被夹在甲方和劳务之间。

③ 项目钢筋缺少过程管理，往往会出现工程未完结，钢筋就超用的现象，合同的约束力越来越低。

④ 翻样工目前已经严重断层，培养自有翻样人才，提升企业竞争力已是当务之急。中建等多家企业已成立钢筋专项部门。

鉴于当今钢筋业务的现状，广联达公司推出的钢筋云翻样软件，推行钢筋精细化管理体系，实现钢筋 BIM 的落地应用，其翻样流程框架如图 6-5 所示。

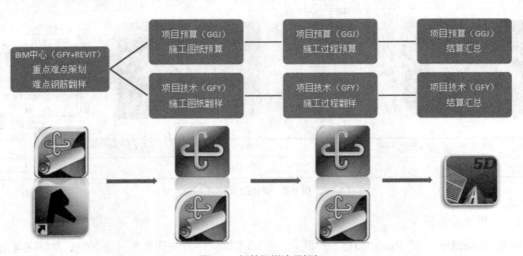

图 6-5　钢筋翻样流程框架

（2）重点难点分析

对图纸进行钢筋翻样的过程可以解决以下两个问题：一是通过翻样过程熟悉项目的施工图纸，查找出施工图纸的问题，将问题汇总成图纸会审格式，与项目人员核对无误后，便于项目与设计单位进行图纸会审工作；二是通过熟悉图纸，与项目管理人员及项目 BIM 小组成员共同根据施工图纸，分析项目钢筋重点管控部位和钢筋翻样安装难点并编制工程重点难点分析解决表（见图 6-6）。

项目名称	海淀医院		结构类型		
序号	重点难点	解决方案	提出者	解决者	备注
1	2#坡道施工难点：2#坡道外伸净宽 6.5 米，现存在以下两个问题：1. 2#坡道位于地表潜水层下部分，在地下水较为发达的夏天，悬挑坡道会受到浮力影响，在坡道板下部产生拉力进而产生裂缝；2. 若回填土压实系数不均造成沉降不均，则同样会使结构产生裂缝，裂缝可能会出现在结构底或者结构顶	解决问题有两个方案：1. 悬挑部分坡道外墙从基础生根，解决不均匀沉降及浮力问题；2. 结构按照悬挑考虑、设计，回填土按照回填沙土或者虚土设计			
2	剪力墙与 KL 连接处，由于结构说明中明确表示，边框剪力墙必须设有 AZ 及 AL，这样导致剪力墙与 KL 连接位置，AZ、AL、KL 三者钢筋相叠加，使得钢筋绑扎及排布困难	由于 KL 上铁及下铁钢筋直径较大，剪力墙与 KL 的混凝土标号又相差很大，所以在施工剪力墙时，梁窝一定要留够长度，同时 KL 钢筋直径若能代替 AL，钢筋能通则通			
3	7#楼梯位于外墙边，外墙采用抗渗混凝土，而楼梯采用普通混凝土，楼梯与外墙连接处如何处理	7#楼梯位于地下部分梯梁应按照规范要求提前预埋，并与外墙一起浇筑。按照图纸要求，梯梁按照二级抗震要求进行锚固			

图 6-6　工程重点难点分析解决表

工程重点难点分析解决表中未确定的重点难点的解决方案，需要项目人员与多方协调讨论应用于施工的解决方案，并与 BIM 中心人员确认后，在本表中明确最终的解决方案，方可实施。

（3）统计钢筋分布

根据项目施工图纸，按部位、楼层及构件类型分析提取钢筋型号，编制项目钢筋分布统计表，如图 6-7 所示。项目钢筋分布统计表填写完成后，分析项目各类钢筋型号分布，以及各型号钢筋在项目结构施工阶段的应用部位和应用构件，编制钢筋总体趋势图，如图 6-8 所示。为后续制定项目的整体施工计划和物料采购计划提供依据。

项目钢筋分布统计表

附表 4.2.2

项目名称	XXX工程项目	结构类型	
部位/楼层	构件类型	钢筋型号	备注
基础	筏板基础	C18-C32	
	柱插筋	C10、C20-C25	
	墙插筋	C10-C16、C20-C25	
	基础梁	A6、C12、C25	
	集水坑	C22、C25	
	柱墩	C10、C16、C22、C25	
	后浇带	A10、C16	
地下二层	柱	C10、C20-C32、E32	
	墙	A6-A8、C10-C32	
	暗柱、端柱	C10、C14-C25	
	梁	A6-A8、C8-C28	
	现浇板	A8-A10、C8-C18、C22	
地下一层	柱	C10、C20-C32、E32	
	墙	A6-A10、C10-C32	
	暗柱、端柱	C10-C12、C16-C25	
	梁	A6-A8、C8-C32	
	现浇板	A10、C8-C25	
首层	柱	C8-C10、C20-C25	
	墙	A6-A8、C8-C20、C25	
	暗柱、端柱	A8、C8-C10、C16-C32、E32	
	梁	A6-A8、C8-C14、C18、C22-C25	
	现浇板	C8-C14、C18	
二层	柱	C8-C10、C20-C28	
	墙	A8、C8-C20、C25	
	暗柱、端柱	A8、C10、C16-C32	
	梁	A6-A8、C8-C14、C18、C22-C25	
	现浇板	C8-C14、C18	
三层	柱	C8-C12、C20-C28	
	墙	A8、C10-C16、C22-C25	
	暗柱、端柱	C10、C16-C32、E32	
	梁	A6-A8、C8-C14、C18、C22-C25	
	现浇板	C8-C18	

项目部：_____ BIM中心：_____

注：根据施工图纸，按构件所在楼层、部位分析提取钢筋型号，并形成钢筋分布图。通过上述表格的填写完成，分析项目各类钢筋型号分布，分析各型号钢筋在项目结构施工阶段的应用部位和应用构件，编制钢筋总体趋势图。

图 6-7 项目钢筋分布统计表

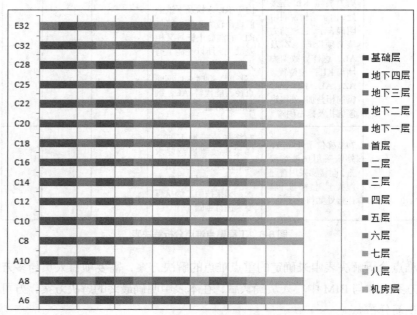

图 6-8 钢筋总体趋势表

（4）复杂部位钢筋翻样

通过 BIM 技术运用三维钢筋翻样软件进行钢筋翻样，绘出多个集水坑叠加后的复杂钢筋排布图，如图 6-9 所示，并根据排布图所出数据指导现场施工。

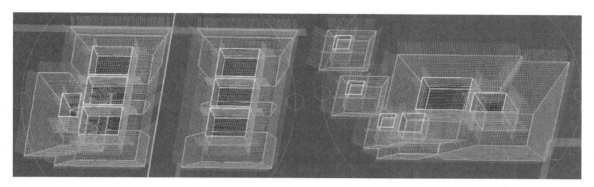

	筋号	级别	直径(mm)	图号	图形	下料长度	根数	变径套筒规格	接头个数	总重(kg)	钢筋归类	搭接形式	丝扣类型	流水段	备注
1*	1	Φ	25	0	Δ=143 135 Δ=203 135 Δ=140 1570~1140 4170~4780 2840~240	Δ=80 8580~834	4		0	130.284	其他钢筋	直螺纹连接	正丝	PL-3	Y向斜面钢筋
2	2	Φ	25	0	1050 135 Δ=200 135 Δ=140 4980~5580 2270~1850	Δ=60 8300~848	4		0	129.206	其他钢筋	直螺纹连接	正丝	PL-3	Y向斜面钢筋
3	3	Φ	25	0	1000 135 5780 135 1710	8490	1		0	32.687	其他钢筋	直螺纹连接	正丝	PL-3	Y向斜面钢筋
4	4	Φ	25	0	6860 135 1560	8420	1		0	32.417	其他钢筋	直螺纹连接	正丝	PL-3	Y向斜面钢筋
5	5	Φ	25	0	4940 135 Δ=143 1420~990	6360~593	4		0	94.71	其他钢筋	直螺纹连接	正丝	PL-3	Y向斜面钢筋
6	6	Φ	25	0	1710 135 3970 135 2980	8660	5		0	166.705	其他钢筋	直螺纹连接	正丝	PL-3	Y向底面钢筋

图 6-9 复杂部位钢筋翻样

（5）三维可视化施工交底

三维钢筋交底指导现场施工，传统钢筋料单仅能体现钢筋长度、数量是否正确，不能体现钢筋是如何安装排布的。采用 BIM 技术将钢筋翻样建立在三维信息模型基础上，不仅能出具二维钢筋料单，还能生成三维钢筋排布信息（见图 6-10）。

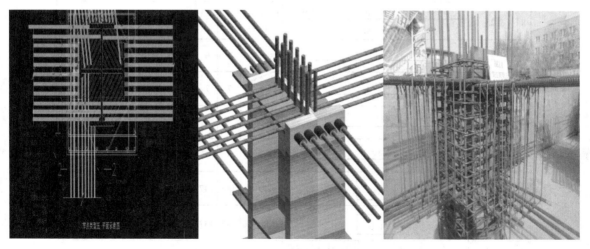

图 6-10 三维钢筋排布信息

（6）优化钢筋下料

BIM 中心钢筋翻样人员与项目钢筋工长及劳务钢筋工长通过对 BIM 中心出具的钢筋翻样表与劳

务钢筋工长出具的钢筋翻样表进行核对优化，优化后的钢筋经三方认可的钢筋翻样配料表（见图6-11），项目人员进一步总结此钢筋翻样配料表得出项目钢筋下料表，如图6-12所示。项目根据三方确定的"项目钢筋下料表"进行钢筋下料，并统计余废料量。

钢筋翻样配料单

工程名称：海淀医院综合楼　　　　　　　　　　　　　　　　日期：2016-06-21
工程部位：第-4层　　默认流水段

钢筋编号	规格	钢筋图形	断料长度mm	根数	合计根数	总重kg	备注
构件名称：32#梁-HKL-1(3)						构件数量：1	
构件位置：2轴/B-E轴							
单根构件重量：2699.089			总重量：2699.089				
1	Φ25	7820　　　8980　16800	7820/8980	1	1	64.68	B~D轴一排下部通长筋
2	Φ25	8980　8000　7920　24900	8980/8000/7920	1	1	95.865	B~E轴一排下部通长筋
3	Φ25	8980　8950　6970　24900	8980/8950/6970	5	5	479.325	B~E（2根）轴二排下部通长筋；B~E（3根）轴一排下部通长筋
4	Φ25	6970　8950　8980　24900	6970/8950/8980	4	4	383.46	B~E（2根）轴二排下部通长筋；B~E（2根）轴一排下部通长筋
5	Φ25	8980　7820　16800	8980/7820	1	1	64.68	B~D轴二排下部通长筋
6	Φ25	8700	8700	1	1	33.495	B~C轴二排下部筋
7	Φ25	11980　8950　3970　24900	11980/8950/3970	4	4	383.46	B~E轴上部通长筋
8	Φ25	3970　8950　11980　24900	3970/8950/11980	3	3	287.595	B~E轴上部通长筋
10	Φ25	2500	2500	6	6	57.75	B轴上二排右支座筋
11	Φ25	4500	4500	7	7	121.275	C轴上二排支座筋
12	Φ25	4450	4450	6	6	102.795	D轴上二排支座筋
13	Φ25	2480	2480	5	5	47.74	E轴上二排左支座筋
14	Φ12@100/200 (4)	700　400	2440	147	147	318.508	第1跨；第2跨；第3跨
15	Φ12@100/200 (4)	700　170	1980	147	147	258.461	第1跨；第2跨；第3跨
接头统计	规格	数量	丝扣类型				
	Φ25	36					
	合计	36					

图 6-11　钢筋翻样配料单

项目钢筋下料表

项目名称		海淀医院			结构类型		
钢筋规格	编号	断料长度（mm）	根数	钢筋图形	备注		余废料
Φ22 原材：12000 根数：2	1	10460	2				编号：9 余料：1540*2mm
Φ22 原材：12000 根数：1	2	2380	5				废料：100*1mm
Φ22 原材：12000 根数：2	3	4000	6				
Φ22 原材：12000 根数：2	4	12000	2				
Φ22 原材：9000 根数：2	5	8150	2				编号：11 余料：850*2mm

项目部：＿＿＿＿＿＿＿＿＿　　　　　　　　　　　　BIM 中心：＿＿＿＿＿＿＿＿＿

注：根据施工图及实际情况进行钢筋翻样导出料单，并经双方确认后，进行原材加工。

图 6-12　项目钢筋下料表

（7）钢筋下脚料利用率分析

定期对钢筋余料进行统计分析，并合理规划余料的二次利用，尽量减少钢筋废料的产生，如图 6-13 所示。

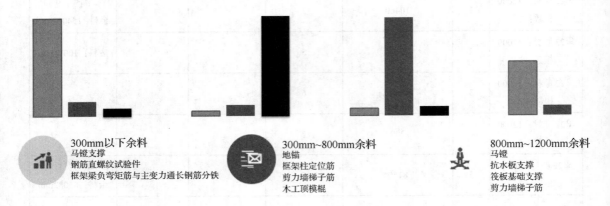

300mm 以下余料
马镫支撑
钢筋直螺纹试验件
框架梁负弯矩筋与主变力通长钢筋分铁

300mm~800mm 余料
地锚
框架柱定位筋
剪力墙梯子筋
木工顶模棍

800mm~1200mm 余料
马镫
抗水板支撑
筏板基础支撑
剪力墙梯子筋

图 6-13　余料分析统计

（8）项目成本分析

项目钢筋成本分析对比表（见图 6-14）是对项目钢筋成本进行管控分析的基础，通过对不同种类钢筋清单量与实际量产生的量差、预算价与采购价产生的价差，最终得出预算收入与预计支出的盈亏状况，将钢筋在工程量上的差别体现在成本上。

通过项目钢筋成本分析对比表分析得出结论，可对项目钢筋成本进行科学管控，在提高工程质量的同时，降低工程造价。

项目进行中及最终施工完成后，BIM 中心与项目管理人员共同编制项目钢筋材料工程量统计表，根据部位及构件类别统计项目各个阶段的钢筋总用量、余料量和废料量，如图 6-15 所示，并阶段性地统计钢筋及余料利用率，最终总结出整个项目的钢筋总用量、余料量、废料量及余料利用率。

4. 模架体系 BIM 的应用

传统模架施工的安全计算一般都是取工程最不利荷载的位置进行计算，而模架工程量的统计大多都是靠估算，这使得模架施工产生了许多不必要的浪费。

根据 4.1 节，选择基于三维可视化布置支撑体系的新品茗 BIM 模架软件，可以快速精准地进行模架体系安全计算，提供准确的材料工程量，还可以方便快捷地输出任意节点支撑体系的平、立、剖图纸，便于指导施工。

（1）模架体系安全计算

内嵌结构计算引擎，协同规范参数约束条件实现基于结构模型并自动计算模板支架参数，免去了频繁试算调整的麻烦，并能自动识别高支模区域。

（2）输出专项方案

品茗 BIM 模架软件采用 BIM 技术理念打造，利用其可出图性的技术特点，结合人工调整设计了平面图、剖面图、大样图自动生成功能，可以快速输出专业的整体施工图及计算书，提升画图效率。

项目钢筋成本分析对比表

工程名称	×××工程项目						日期			
序号	材料名称	清单量（t）	预算价（元）	预算收入（元）	实际量（t）	采购价（元）	预计支出	量差（元）	价差（元）	盈亏状况
1										
2										
3										
参与单位	BIM 中心负责人： 　　　　　年　月　日				项目部负责人： 　　　　　年　月　日					

图 6-14　钢筋成本分析对比表

项目名称	海淀医院		结构类型	
部位/楼层	构件类型	钢筋型号	钢筋量（t）	余料量（t）	备注
基础	柱插筋	C10	1.042		余料利用量/废料量
		C20	10.602		
		C22	5.972		
		C25	0.741		
	墙插筋	A6	0.514		
		A8	0.081		
		C8	1.414		
		C10	3.3		
		C12	5.455		
		C14	13.556		
		C16	2.572		
		C18	15.664		
		C20	30.559		
		C22	8.191		
		C25	30.727		
		C28	6.651		
	暗柱、端柱	C10	0.277		
		C12	0.151		
		C14	0.105		
		C16	1.500		
		C20	0.118		
		C22	0.322		
		C25	0.104		
	基础梁	A6	0.016		
		C12	0.749		
		C25	0.617		
	筏板基础	C18	5.288		
		C20	15.837		
		C22	24.563		
		C25	58.576		
		C28	21.034		
		C32	0.852		
	集水坑	C22	7.297		
		C25	74.081		
	柱墩	C10	1.246		
		C16	2.360		
		C22	5.141		
		C25	6.765		

基础板带	C22	79.868	
	C25	426.035	
	C28	7.167	
后浇带	C16	2.774	

项目部：_____ BIM 中心：_____

注：根据部位及构件类别对钢筋总用量、余料量、废料量进行统计，并阶段性统计钢筋利用率。

图 6-15 余、废料统计

（3）材料用量统计

材料统计功能可按楼层、结构类别、流水段统计出砼、模板、钢管、方木、扣件/托等用量，支持自动生成统计表，导出的 Excel 表格便于实际应用。

（4）三维可视化交底

支持整栋、整层、任意剖切三维显示，通过内置三维显示引擎实现任意部位的三维显示，有助于技术交底和细节呈现，如图 6-16 所示。

随着 BIM 技术的不断发展和完善，BIM 必定能在建筑业掀起新的改革热潮。施工企业要想在日益增长的竞争压力下获得更好的生存空间，就必须不断提升自身的技术水平和项目管理水平，而 BIM 技术应用是提升公司整体业务水平的关键，不仅能为施工企业创造更多的利润，也将成为项目工程管理必不可少的工具。

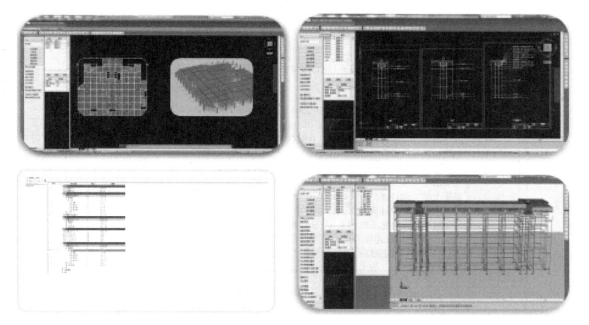

图 6-16　模型 BIM 应用体系

6.2　案例 2——典型钢结构模型

在国内，早期的钢结构制作采用最原始的用蓝图或者设计图纸，车间工人用直接计算的方式下料制作。这种方式制作周期比较长、误差大，到施工现场安装也容易出现问题，严重影响了建筑物的结构安全和使用功能。人们开始思考如何让钢结构的加工和制作满足建筑物结构安全和使用功能的要求，起初是用 CAD 放大样精确下料尺寸，减少返工和制作周期，加快工程施工进度，但随之又出现了加工、制作、连接等问题。如何让建筑物的结构和使用功能在制作图纸上直观地展现出来，这样在施工之前就能全面看到建筑物的结构和使用功能，把安装施工统一结合起来建模可以很好地解决这个问题。

随着钢结构行业的发展和需要，BIM 很快进入钢结构行业，并促进钢结构行业的大力发展。本节将着重讲解单层简单钢结构厂房的建模思路及流程。

6.2.1　设计基本信息

当我们拿到一份钢结构设计图纸时，需要仔细阅读建筑设计说明和钢结构设计总说明（不是每份设计图纸都有，至少要提供其中一份），从这些说明文字中提炼出钢结构建筑物的地质条件、地理位置，甲方提供的相关资料和钢结构厂房的设计过程中采用的规范等信息，如图 6-17 所示。

单层钢结构厂房（以下简称厂房）根据地域不同，受到的荷载也不相同，具体参照图 6-18 的规范要求。

在结构设计说明中，阐述该结构对厂房主要材料和相应焊接材料的要求、厂房与土建连接的零件或构件和连接处的处理要求及执行的标准规范，如图 6-19 所示。

一、设计依据
1、甲方提供的设计条件
2、甲方提供的吊车资料
3、工程所在地：西安，地震烈度：8度；设计基本地震加速度值：0.15g；设计地震分组：第二组，场地土类别：Ⅳ
4、设计中采用的规范
（1）《建筑结构荷载规范》（GB50009-2001）（2006年版）
（2）《建筑抗震设计规范》（GB50011-2010）
（3）《冷弯薄壁型钢结构技术规范》（GB50018-2002）
（4）《钢结构设计规范》（GB50017-2003）
（5）《门式刚架轻型房屋钢结构设计规程》（CECS102:2002）
（6）《建筑钢结构焊接技术规程》（JGJ81-2002）
（7）《混凝土结构设计规范》（GB50010-2002）
（8）《建筑地基基础设计规范》（GB50007-2002）
（9）《压型金属板设计施工规程》（YBJ216-88）
（10）《钢结构高强螺栓连接的设计、施工及验收规范》（JGJ82-91）
（11）上海市标准《轻型钢结构设计规程》（DBJ08-68-97）

图 6-17 钢结构厂房的设计过程中采用的规范等信息

二、设计主要荷载
基本风压：0.5kN/m² 基本雪压：0.25kN/m²
屋面恒载：0.25kN/m² 活载：0.30kN/m²
第2跨有一台10.0t中级工作制吊车
第1跨有一台10.0t中级工作制吊车

图 6-18 单层钢结构厂房需要考虑的荷载参考

三、主要材料
1、刚架采用Q235-B钢，抗风柱采用Q235-B钢，其它所有钢材均采用Q235-B钢（注明除外）。吊车梁采用Q345-B钢，当需要验算疲劳时应根据结构工作温度按照《钢结构设计规范》选用符合相应冲击韧性要求的钢材等级。钢材性能除应符合《普通碳结构钢技术条件》（GB/T700）和 《低合金高强度结构钢》（GB/T1591）的规定，尚应保证屈服点、碳、磷、硫的极限含量，墙梁和檩条采用的冷弯型钢还应保证冷弯试验合格。
2、钢材的屈服强度实测值与抗拉强度实测值的比值不应大于0.85；钢材应有明显的屈服台阶，且伸长率不应小于20%；钢材应有良好的焊接性和合格的冲击韧性。
3、手工焊接时，选用的焊条均应与主体金属力学性能相适应，其技术条件应符合《碳钢焊条》（GB/T5117）或《低合金钢焊条》（GB/T5118）的规定。当采用自动焊、半自动焊或二氧化碳保护焊时，应按照《建筑钢结构焊接技术规程》的规定，选择与母材相匹配的焊丝与焊剂，并应符合现行国家标准的规定要求。
4、普通螺栓：采用C级螺栓，应符合现行国家标准《六角头螺栓C级》（GB/T5780）和《六角头螺栓》（GB/T5782）的规定。
高强螺栓：采用10.9级扭剪型高强螺栓，抗滑移系数不小于0.350，应符合现行国家标准《钢结构用扭剪型高强螺栓连接副》（GB/T3632）和《钢结构用扭剪型高强螺栓连接副技术条件》（GB/T3633）的规定。
在连接处构件接触面的处理方法：喷砂后涂无机富锌漆保护层
地脚螺栓：材质采用Q235-B

图 6-19 主要材料的处理要求及执行的标准规范

还有厂房设计的主要说明，对厂房大小的描述及结构类型，对附属件檩条、墙梁、柱间支撑、水平支撑等的要求，以及提出需要注意的部位的工艺要求和处理办法，如图 6-20 所示。

四、结构设计主要说明
　　1、本设计柱距6米，跨度向总长51.50米，承重结构为门式刚架
　　2、檩条、墙梁均采用冷弯薄壁型钢
　　3、沿建筑物长度方向设3道柱间支撑和屋面横向水平支撑
　　4、基础短柱钢筋至少有两根钢筋下部与基础底部钢筋焊接，上部与锚栓
　　　焊接，作为防雷接地使用
　　5、刚架梁下翼缘在变截面处应压弯

图 6-20　结构设计的工艺要求和处理办法

在施工的过程中应该遵循的相关行业规范，对焊缝等级和焊接的要求、工艺要求，以及安装过程中应该注意的其他问题，如图 6-21 所示。

五、施工
　　1、施工中应遵守下列规范
　　（1）《钢结构工程施工及质量验收规范》（GB50205-2001）
　　（2）《混凝土结构工程施工质量验收规范》（GB50204-2002）
　　（3）《建筑地基基础工程施工质量验收规范》（GB50202-2002）
　　（4）《冷弯薄壁型钢结构技术规范》（GB50018-2002）
　　（5）《压型金属板设计施工规程》（YBJ216-88）
　　（6）《建筑钢结构焊接技术规程》（JGJ81-2002）
　　2、焊接质量检验等级：所有工厂对焊接缝以及坡口全熔透焊缝按照（GB50205-2001）中的二级检验，吊车梁上翼缘与腹板连接采用二级焊缝，其它焊缝按三级检验。
　　3、板材对接接头要求等强焊接，焊透全截面，并用引弧板施焊，引弧板割去应予打磨平整。
　　4、未注明焊缝高度6mm,满焊。
　　5、所有节点零件以现场放样为准。
　　6、屋面梁安装拼接、梁柱连接要求在工厂预拼接。
　　7、构件在运输吊装时，应采取加固措施防止变形和损坏。
　　8、柱脚锚栓采用双螺母，待柱子安装、校正、定位后，将柱脚螺栓盖板与柱底板及螺母焊牢，防止松动，在柱底板下灌C40膨胀细石混凝土。
　　9、钢结构安装完成受力后，不得在主要受力构件上施焊。

图 6-21　施工现场应该注意的其他问题

对钢结构零部件的除锈等级要求、对涂装油漆的颜色和厚度要求，以及在连接处应该注意的问题，这些都是根据建筑结构要求确定的，不同的使用用途，对油漆的颜色、厚度和构件的防火等级要求也不同，如图 6-22 所示。

六、钢结构涂装
　　1、除锈
　　钢结构在制作前，表面应彻底除锈，除锈等级达到Sa21/2级。
　　2、涂装
　　构件完成后涂两道防锈底漆，工厂和现场各涂一道面漆，漆膜总厚度不小于125微米。构件除锈完成后，应在8小时（温度较大时2-4小时）内，涂第一道防锈漆，底漆底分干燥后，才容许次层涂装。
　　但高强螺栓连接头的接触面和工地焊缝两侧50毫米范围内安装前不涂漆，待安装后补装。安装完毕后未刷底漆的部分及补焊、擦伤、脱漆处均应补刷底漆两度，然后刷面漆一度，面漆颜色由业主定。在使用过程中应定期进行涂漆保护。

图 6-22　钢结构涂装要求

最后，厂房的防火和螺栓的相关补充要求如图 6-23 所示。

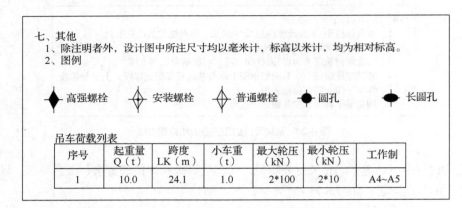

七、其他
　1、除注明者外，设计图中所注尺寸均以毫米计，标高以米计，均为相对标高。
　2、图例

◆ 高强螺栓　　◇ 安装螺栓　　◇ 普通螺栓　　● 圆孔　　⬬ 长圆孔

吊车荷载列表

序号	起重量 Q（t）	跨度 LK（m）	小车重 （t）	最大轮压 （kN）	最小轮压 （kN）	工作制
1	10.0	24.1	1.0	2*100	2*10	A4~A5

图 6-23　厂房的防火和螺栓的相关补充要求

6.2.2　主要建模步骤

在审阅设计说明后，对钢结构厂房项目的要求已经有了一定的了解，接下来需要着重阅读钢结构厂房的长度（涉及的开间）、跨度（又叫宽度）及厂房设计的高度（标高），对厂房进行定位，在实践过程中都是以最终的预埋件尺寸作为准建厂房模型的依据，如图 6-24 所示。

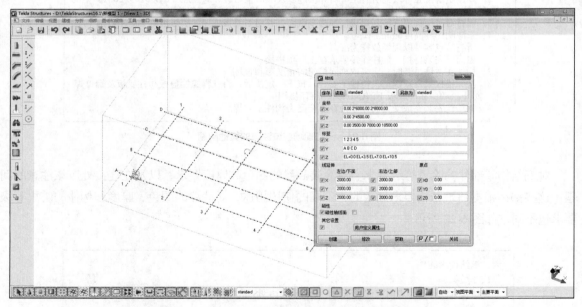

图 6-24　以最终的预埋件尺寸为准建厂房模型的依据

建立厂房结构模型的过程，也是模拟实际施工的过程。

（1）根据预埋件尺寸，确定钢柱之间的距离，以及每根钢柱的具体位置，对钢柱的柱底板进行孔距定位，如图 6-25～图 6-27 所示。

（2）通过钢柱的构件号、零件编号、截面大小，材质以及用来区分零件（构件）的颜色等级，如图 6-28、图 6-29 所示。

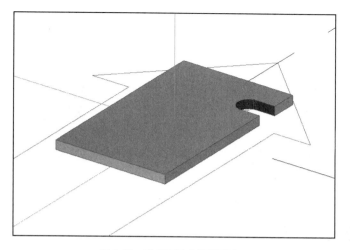

图 6-25　确定钢柱之间的距离 1

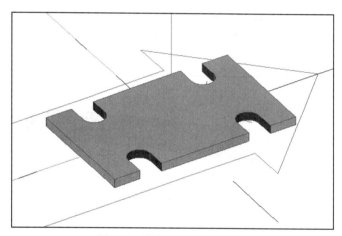

图 6-26　确定钢柱之间的距离 2

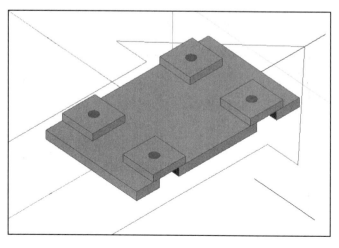

图 6-27　确定钢柱之间的距离 3

图 6-28　柱属性

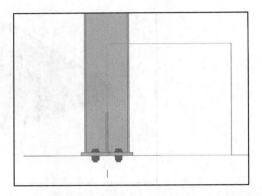

图 6-29　材质以及用来区分零件（构件）的颜色等级

（3）按照钢结构节点图纸要求确定钢柱和钢梁的连接（见图 6-30），进行节点细化处理（见图 6-31）。在图纸细化过程中，经常会出现螺栓和筋板碰撞等不合理的情况，这些都需要和甲方沟通后确定。

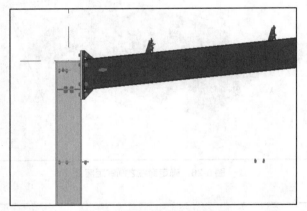

图 6-30　确定钢柱和钢梁的连接

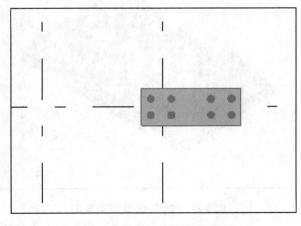

图 6-31　进行节点细化处理

（4）做梁与梁的连接（见图 6-32），按设计图纸的要求处理节点（见图 6-33）。

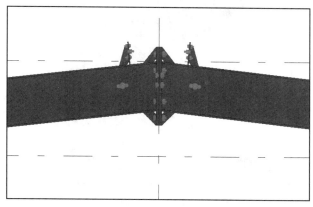

图 6-32　梁与梁的连接

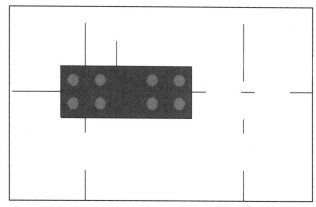

图 6-33　处理节点

（5）主结构创建完毕后，现在可以做钢柱与钢柱的横向固定——系杆，如图 6-34 所示。这个节点一般都采用圆管，如图 6-35 所示，有些也采用角钢或者双抱角钢，具体根据结构和设计图纸情况确定。

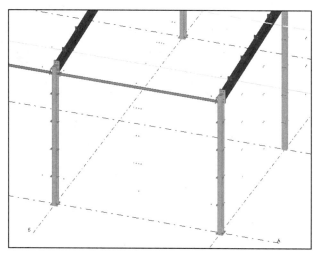

图 6-34　做钢柱与钢柱的横向固定——系杆

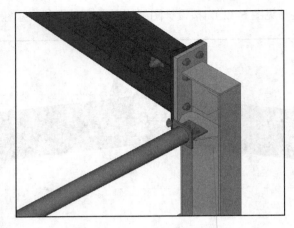

图 6-35　节点一般都采用用圆管

（6）柱间支撑（简称柱撑）就是拉在柱子与柱子之间的杆件，如图 6-36 所示。柱撑有多种做法，有圆钢、单角钢和双抱角钢等，也是根据结构和设计图纸确定的。

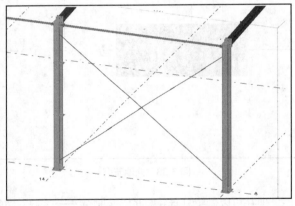

图 6-36　柱间支撑

（7）水平撑拉紧第一间和最后一间的梁，中间是否有水平撑，根据厂房的大小和设计图纸确定，如图 6-37 所示。水平撑有多种做法，有圆钢、单角钢和双抱角钢等，也是根据结构和设计图纸确定的。

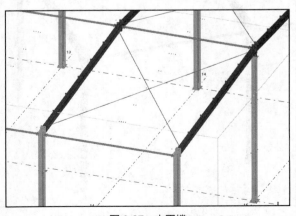

图 6-37　水平撑

（8）屋面檩条及附属的拉件（拉条、套管、隅撑等）构成一个完整的屋面体系，如图 6-38 所示。檩条间的距离需要根据屋面板的材料和开间大小确定。

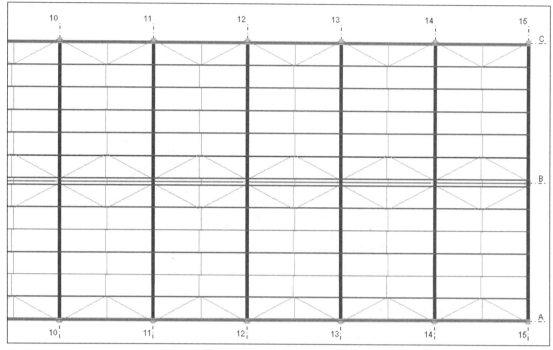

图 6-38　屋面檩条及附属的拉件

（9）墙面处理是复杂的一步，它必须考虑门窗的大小，留置洞口，附属件和屋面是一样的（见图 6-39）。

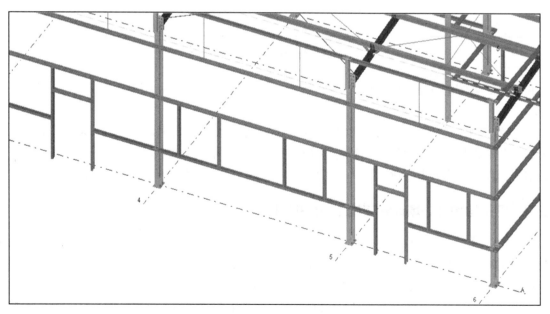

图 6-39　墙面处理

这个单层钢结构厂房的模型就完成了，施工安装的精细程度决定了维护结构。如果施工现场安装完全按图纸进行，屋面、墙面的尺寸就完全可以在模型上体现出来。

这样完整的钢结构厂房模型就创建完成，如图 6-40 所示。通过模型可以精确计算材料的使用量，做到精细化生产。

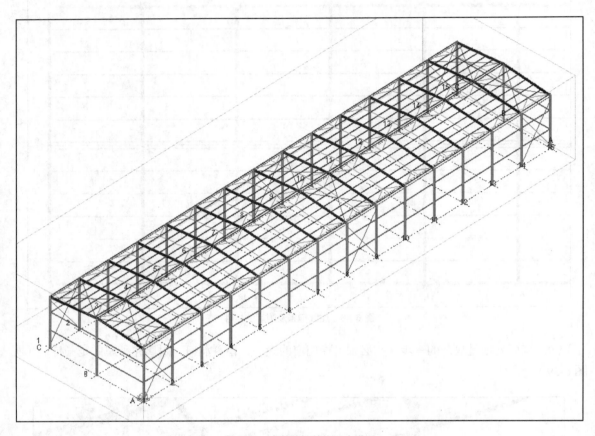

图 6-40　完整的钢结构厂房模型

可以从建筑图的清单或者钢结构墙面图纸中直观地看到门窗的大小和尺寸，以及包边、包角等信息。

在制作模型的过程中，不可避免地会遇到实际制作与设计图纸冲突的情况，这时需要与甲方或者设计单位沟通协商，确保厂房的结构和使用功能不受影响。通过模拟钢结构厂房零构件和施工过程，确保制作和结构要求一致，便于通过查看构件的布局解决现场遇到的问题，以完善制图的不足。

6.2.3　钢结构构件进场计划和施工进度控制

基于 BIM 技术的应用实践和可视化施工的概念，针对钢结构构件进场计划和施工进度控制两个方向，探讨和分析 BIM 技术在钢结构施工中的应用，给钢结构深化设计和现场施工管理人员一些启发。改变传统钢结构施工管理中安排构件进场计划的方法，进一步扩大工厂制作阶段和施工安装过程之间的交集，从而引入现代化施工管理的思路，提高工程建设的工作效率和品质。快速准确地提取出构件进场计划的清单是解决构件进场问题的关键。

1. **安排构件进场计划**

在传统工作中，项目管理人员都是在安排构件进场计划时，先将图纸打印出来，然后用彩笔描绘区分构件类别，再将分区的构件号录入计算机重新整理得到构件进场顺序。但是，如果需要调整安装计划，手工改动构件图纸的工作量巨大，效率很低。

在 BIM 应用中，从钢结构深化设计的模型中可以提取各种形式的构件清单，包括构件的长度、重量、数量和截面、螺栓清单、构件安装布置图等。只要在清单模板中添加一列属性，然后对构件清单按时间排序，即可得到构件的进场顺序。为了划分整个项目的结构，可以在状态管理器中新建几个状态或者等级，选中部分构件，修改其状态属性。依次按照钢柱、钢梁的顺序，设置模型构件的状态属性并以不同颜色标识，在对象组中从无到有、由少到多逐级显示各类构件，项目管理人员以此判断安装顺序的可行性，调整优化各部分构件的状态属性。最后从报告清单中按先前编辑好的模板导出包含日期属性的构件清单，再按日期排序，得到准确的构件进场顺序。构件的进场时间属性都是可视的，便于管理人员之间的协商沟通以及对加工厂制作的进场交底。在搭建好模型后，在加工制作前还需一段时间调图，在这段时间内需提出准确的零件用料数据，可依此提前准备原材，缩短深化设计、制作加工以及现场安装之间的时间，保证构件的及时供应。

2. **控制现场施工进度**

在钢结构施工过程中，构件进场情况和构件安装情况的信息非常重要。每天的发货清单积累到一起也是庞大的数据库。在传统工作中，管理人员通常在结构布置图上用彩笔涂抹，标识出已进场、已安装的构件，工作非常繁琐、效率低下。在图纸列表中选择已进场的构件号，将其定义为进场状态；已安装的构件，定义为已安装状态。此时模型中共有 3 种颜色，分别表示已进场、已安装和未进场的构件。导出包含进场、安装状态的清单，透视汇总出 3 种状态的构件的总数量和总重量，再进一步分析得到已进场构件和已安装构件占所有构件的百分比，形象地展现出施工进度，客观理性地显示工程建设的真实情况，与进度计划比较，便于项目管理人员控制。进度的计划值和实际值的比较是定量的数据比较。

BIM 的功能优势是传统施工管理模式不能比拟的。相比传统的矩形图，它既可以优化进度计划，也可以直观模拟施工过程，以检验施工进度是否合理有效；模拟施工现场，合理安排物料堆放、物料运输路径及大型机械位置；跟踪项目进程，可以快速辨别实际进度是否提前或滞后，使各参与方更有效地沟通。为构件赋予时间属性后，钢构模型成为初步的 4D 施工信息管理模型，可将其与施工进度链接，与施工资源、安全质量以及场地布置等信息集成为一体，实现基于 BIM 和网络的施工进度、人力、材料、设备、成本、安全、质量和场地布置的 4D 动态集成管理。可以将已安装的构件单独展示出来，导出为网页模型，为项目各参与方管理人员提供基于 Web 浏览器的远程业务管理和控制手段。应用 BIM 可以实现业务管理、实时控制和决策支持 3 方面的项目综合管理：业务管理为各职能部门业务人员提供项目的合同、进度、质量、安全和变更管理功能，实现各项业务之间的联动，并可在管理系统中进行可视化查询；实时控制为项目管理人员提供实时数据查询、统计分析、事件追踪、实时预警等功能，还可按多种条件实时查询数据，统计分析并自动生成统计报表；它提供的工期、台账以及效能分析等功能，为决策人员的管理决策提供分析依据和支持。

目前 BIM 模型研究还偏重于设计阶段的应用，围绕构件的制造、运输、安装过程实现全过程动态可视化管理，还有待进一步研究。从专业的钢结构部分，扩展到更广阔的建筑行业，体现了 BIM 技术在工程施工中的广阔前景和应用价值。

参 考 文 献

1. 清华大学 BIM 课题组. 中国建筑信息模型标准框架研究[M]. 北京：中国建筑工业出版社，2011.

2. 李云贵，邱奎宁. 我国建筑行业 BIM 研究与应用[J]. 建筑技术开发，2015.

3. 王茹，宋楠楠，等. 基于中国建筑信息建模标准框架的建筑信息建模构件标准化研究[J]. 工业建筑，2016.

4. 王茹，王柳舒. BIM 技术下 IPD 项目团队激励池分配研究[J]. 科技管理研究. 2017.7.

5. 王茹，黄鑫，等. 基于 BIM 的运维阶段设备构件预警管理系统研究[J]. 计算机工程与应用.